# 生命とは何だろう?

長沼 毅

知のトレッキング叢書

集英社インターナショナル

生命とは何だろう？

目次

エネルギーを注入すればエントロピー増大を防げる／
生命が宇宙のエントロピー増大を加速させている？／
「増殖しない不老不死の生命体」はあり得るか／
分裂した単細胞生物には「親」も「子」もない／人類の主役は「卵子」なのか／
代謝せずにじっとしている地球外生命体をどう見分けるか／
「ウォーター・イン・オイル」の生命体に細胞膜は不要／「人工生命」は作れるのか／
人工的に合成したＤＮＡで細胞が動いた／ＤＮＡと細胞質の関係性



進化は「結果」であって「目的」ではない／獲得形質は遺伝しない／
ダーウィン進化は一個体の突然変異から始まる／
身体的特徴をうまく生かした個体が、新種の祖先になった／
生物のデザインには遊びがある／偶然の突然変異とは思えない擬態の不思議／
シアノバクテリアが引き起こした「大酸化イベント」／
硫化水素ではなく、水を水素の供給源に／ミトコンドリアの登場と全球凍結／
ほかの生物を食べることで細胞核を持った真核生物／
酸素濃度の高まりがなければ、多細胞生物は生まれなかった

編集協力　岡田仁志
キャラクター（トレックくま）イラスト　フジモトマサル
カバーイラスト　山下アキ
図版作成　タナカデザイン
装丁・デザイン　立花久人・福永圭子（デザイントリム）

# まえがき

私がまだ幼稚園児だった頃のある日、いつものようにすべり台で遊んでいたのですが、その日はちょっと違っていました。すべり台の上のほうからすべり降りて着地したとき、ふと思ったのです。いま、自分はあそこからここに降りてきた。でも、本当のところ、自分はどこから来てどこへ行くのだろう？

それはとても不思議な体験でした。幼稚園のすべり台からいきなり宇宙の虚空に放り出され、目の前には地球が浮かんでいるのです。さっきまで足下にあった大地はなく、浮遊感というか不安感の中で、「自分はどこから来てどこへ行くのだろう」と考えている——そんな神秘体験でした。

幼稚園でそんなことを考えるなんて、ずいぶんおませな子供だったかもしれないし、どんな子供にもよくあることだったのかもしれません。ただ、そういう神秘体験は、この後も何度かありました。たとえば、鏡を見たときです。鏡の中の自分に向かって、「自分は本当は誰なんだ」と問いかける——いや、鏡の中の自分からそう問われたのか。すると、頭がグルグルして足下の床がなくなり、宇宙に浮遊するのです。

自分はどこから来てどこへ行くのだろう。自分は本当は誰なのだろう。やがて私は、その疑問を自分だけの問題ではなく、人間全体の問題へと広げてみました。

私たちはどこから来て、どこへ行くのだろう?

私たちは何者なのだろう?

幼稚園に通っていた頃からずっと、このことが私の頭から離れませんでした。大人になってもこのことを考えているうちに、やっと、あることに気がつきました。この問題はひとつの問題ではなく、いくつかの大きな問題が重なっているということです。それは「生命とは何か」「人間とは何か」「(自分という)意識とは何か」という問題です。もしかしたら、もっと大きくて根源的な「宇宙とは何か」という問題を含めてもよいかもしれません。

でも、これらの問題は、私が一人で考えるには大きすぎます。私はいつしか「生命とは何か」の問題を中心的に考えるようになりました。実は『生命とは何か』というタイトルの本がもう何冊も書かれています。どれもすばらしい本ですが、その中でもとくに、量子力学の確立に貢献してノーベル物理学賞を受賞したエルヴィン・シュレーディンガーの著書と、「複雑系」という新しい科学から生命を論じた金子邦彦・東大教授の著書を挙げておきたいと思います。

この本では、そういうハードな生命論とはやや違った視点から「生命」について考えてみました。第一章ではずばり「われわれはどこから来たのか」と題して「生命の起源」についての宇宙起源説も取り入れながら述べてみました。

第二章もずばり「生命とは何か」と題していますが、ここでは偉大なシュレーディンガーの命題をもとにしつつ、私なりの視点からひとつの生命観を展開しました。

第三章では、生命の特徴のひとつである「進化」に焦点を当てて、地球に現れた生物の進化の歴史を概観しました。

進化するにつれて生物の多様性は増していきます。しかし、それは大量絶滅の憂き目に遭い、また多様性が増していく。その様をいくつかの例を挙げて眺めたのが第四章です。

最後に第五章では、私がいちばん興味を持っている生物——人間——が「どこへ行くのか」を想像してみました。人間の未来は進化か絶滅か、このどちらかしかありません。それなら、私たちの子孫には絶滅よりは進化してほしいですよね。

実は、進化はすでに始まっています。それは私たちの遺伝子の中で起こっているし、私たちがどういう未来を望むかという「意識」も、いまから育むことができるのです。

未来は現在の中にある。

この本が私たちの未来を拓(ひら)くことに役立ったら、私の大きな歓(よろこ)びです。

# 第一章

# われわれはどこから来たのか

# 三八億年前に何が生まれたのか

この地球上には、私たち人類を含めて、百数十万種もの生物が存在することが知られています。そのほかに、まだ人間に見つかっていない生物がどれほどいるのかは、見当もつきません。植物図鑑、動物図鑑、昆虫図鑑などにはそこまで多くの生物は載っていませんが、いろいろな形をした生き物の写真やイラストをボンヤリと眺めるだけでも、実に多様な生命体がいることはわかるでしょう。もっと種類の少ない動物園や水族館でも、その多様性を十分に知ることができます。

その多様な生物は、最初から地球にいたわけではありません。地球はいまからおよそ四六億年前に誕生したと考えられていますが、その時点では生命体と呼べるものは存在しませんでした。最初の生物が登場するまでには、それから六億～八億年の時間がかかった、つまり、地球における生命の誕生はいまから四〇億～三八億年前であると推測されています。

もちろん、そこで突如として、現在の地球で見られる多様な生物群が出現したわけではありません。世の中には、この世界が誕生したときから神様が現在と同じ動植物——人間やヒツジや昆虫や森や草原などなど――を作ったと信じる人たちもいますが、それは科学的な知見に反します。

地球で最初に生まれた生物は、もっと単純なものでした。それがどんな姿だったのかはわかりませんが、おそらく、何らかの物質（有機物）の詰まった小さな小さな「袋」のようなものだったでしょう。それが三八億年のあいだにさまざまな進化を遂げ、現在の植物や動物になった――こうした大まかな流れについては、多くの人が漠然としたイメージを共有していると思います。

しかし、それまでは存在しなかった「生命」という現象がどのように始まったのかは、専門家である生物学者にもわかっていません。そもそも、何をもって「生命体」と呼ぶのかも実は判然としないのです。

生命の定義や特徴については後ほどお話ししていきますが、たとえば三八億年前の地球に、どこか遠くから異星人がやって来たことを想像してみてください。海の中にある極微小の「袋」を発見したとき、彼らはそれがほかの物質とは違う生命体だとすぐにわかるでしょうか？

私たちは、目の前にあるものが生物か非生物かを、直観的に判別できると考えています。

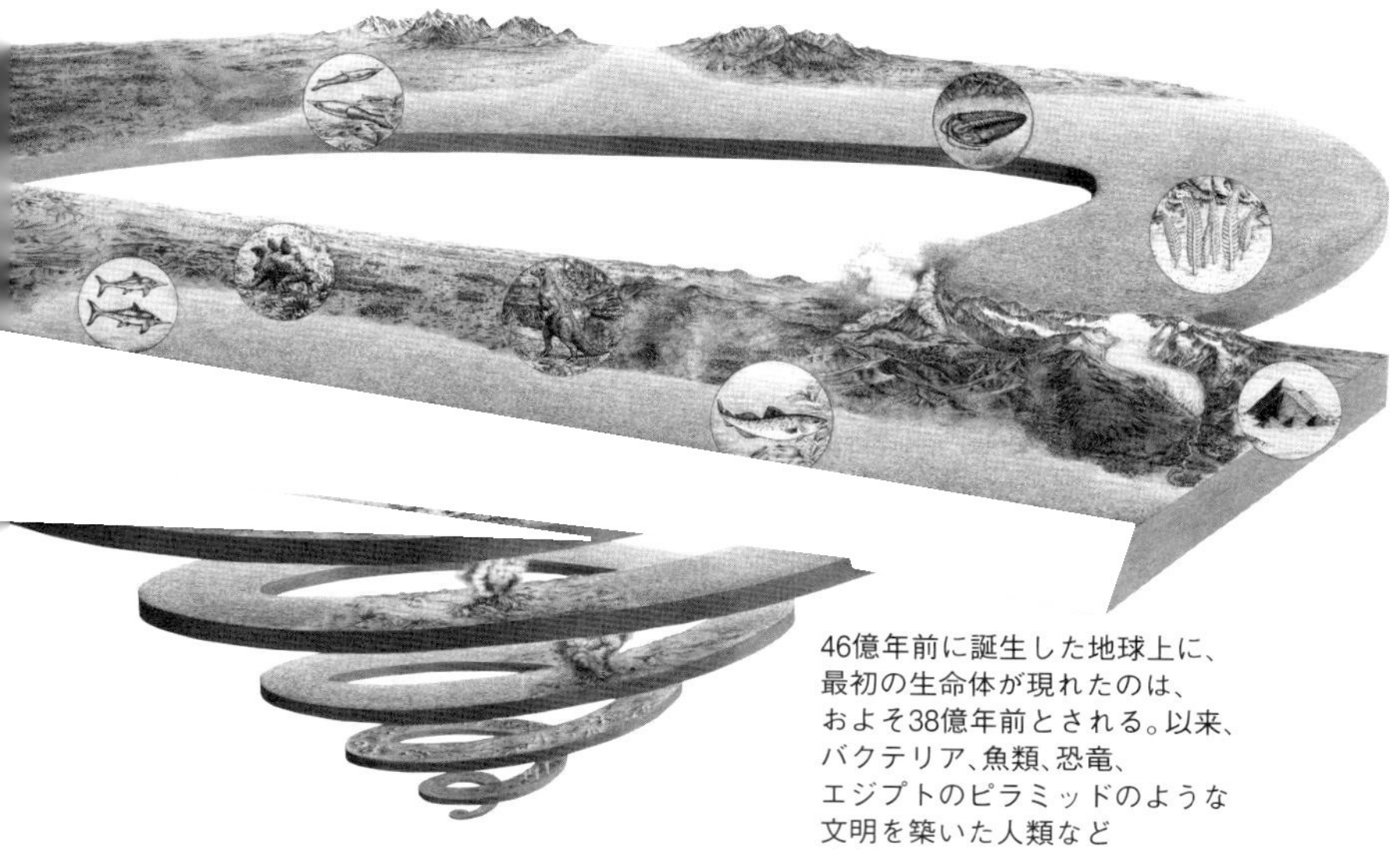

46億年前に誕生した地球上に、
最初の生命体が現れたのは、
およそ38億年前とされる。以来、
バクテリア、魚類、恐竜、
エジプトのピラミッドのような
文明を築いた人類など
多様な生物が生まれてきた。

テーブルの上のコップを生き物だと思う人はいませんし、地面に生えている雑草を石ころと区別できない人もいません。

でも、それがたとえばシダやコケの胞子だったらどうでしょうか？　部屋の隅に溜まった埃や塵にはそれが混じっているかもしれませんが、それを直観だけで生物と見分けるのは難しいでしょう。さらにいえば、その埃や塵の中には洋服の糸くずもあるでしょうが、そこには（かつて生物の一部だった）羊毛もあれば、化学繊維もある。やはり、すぐには生物・非生物の見分けがつきません。水や岩石、ポリエステル

などと同じく、生物も「物質」である以上、それを非生命体の物質と区別するのは、そう簡単なことではないのです。

## 生命体は「よくある現象」なのか、「稀(まれ)な現象」なのか

当たり前のことですが、生命体であれ非生命体であれ、その材料は宇宙の中に存在する物質です。その意味では、一三七億年前に宇宙が誕生し、さまざまな素粒子が生まれ、やがて水素やヘリウムなどの原子が作られたことが、「生命の起源」ともいえるでしょう。それがなければ星や銀河は生まれず、地球も海もできていません。

そう考えると、この宇宙で生命体が生まれるのは、それほど難しいことではないようにも思えてきます。とくに天文学者や宇宙物理学者は、むしろ、この宇宙に星や銀河が生まれたことのほうが大きな謎だと考えるでしょう。

というのも、物質を構成する素粒子の質量や重力の大きさなどがちょっと違えば、この宇宙に星は生まれなかったかもしれないからです。ここでは詳しく述べませんが、宇宙は

原子さえ存在しない〝のっぺらぼう〟の空間になる可能性のほうが圧倒的に高かったという説もあるくらいです。

ところが実際には、物理的な数値や法則がなぜかちょうどよくできていたので、この宇宙（私たちの宇宙とは別の宇宙が複数存在するという理論〈マルチバース〉があります）では星や銀河が生まれました。それさえできてしまえば、そこで生命を持つ物質が作られるのはそんなに不思議ではないと、天文学者・物理学者たちは考えるでしょう。さまざまな原子が生まれ、それが結びついてさまざまな分子を作ります。さまざまな星が生まれたのであれば、それこそ水や岩石ができるのと同じように、生命体が作られる可能性も低くはないと思うわけです。

一方、私たち生物学者はそうは考えません。それは「いまの地球上に現実として存在する生物」を前提にして、生命の起源を考えるからです。

どのような形でもかまわないから、とにかく「生命体」と呼べるものでよいのなら、広大な宇宙の中で何らかの生命体が誕生する可能性はかなり高いと考えるのは、天文学者的・物理学者的な発想です。しかし、生物学者がその起源を考えているのは、抽象的な概念としての生命体ではありません。すでに完成形として地球上に存在する、具体的な生物群の起源です。ここまで複雑かつ多様に進化した生物の「原型」が簡単に生まれるとは、とても思えないのです。

　生物学者は、生命の起源を知るために、「もっともシンプルな生命体」が何であるかを考えます。しかし、生き物の細胞や遺伝子をどんどん単純化して考えていったときに、どこまでが生命体で、どこからが非生命体なのかは、まだよくわかっていません。遺伝子が三〇〇～四〇〇個あれば生物の細胞のように振る舞うことはわかっていますが、仮にそれが生命の「最低条件」だとすると、揃(そろ)えるべき要素が多すぎるのです。たった一〇～二〇個ぐらいの遺伝子で生命体になれるなら、それが起きる確率は高いといえるでしょう。しかし、現実問題として最初の生命が生まれるのは、現状では「ふつうはあり得ない」といいたくなるほど、稀な現象なのです。

## 太古の岩石に残された生命活動の痕跡

　しかし、可能性が高いか低いかにかかわらず、現に生命は生まれました。それが三八億年ほど前に誕生したと推定されるのは、その時期の岩石に生命活動だと思われる痕跡が残っているからです。

とはいえ、それは化石のように明確な痕跡ではありません。恐竜など絶滅した古生物の存在は、古い地層に残された化石によってわかることが多いのですが、化石になるのは骨、殻、歯などの硬い組織がほとんどです。最初の生物はきわめて小さかったはずなので、そのような構造はありませんでした。したがって、化石として残りようがないのです。

では、三八億年前の岩石には何が残っていたのか。

それは、濃縮された「炭素」です。地球上の生物にとって、炭素はもっとも重要な材料にほかなりません。それが岩石にまとまった状態で残っていれば、生命活動の痕跡である可能性が高いといえます。

もちろん、すべての炭素が生物に由来しているとはかぎりませんし、生命活動以外の理由で濃縮されることもあります。

しかし炭素にはさまざまな同位体（同じ元素でも中性子の数が異なるもの）があり、それらの比（割合）は生物的なものと非生物的なものでは違います。岩石に濃縮された炭素は非生物由来と考えるには無理のある同位体比率でした。そのため、三八億年前には生物が存在していたと推定されるわけです。

ただし、それが私たちの「祖先」なのかどうかはわかりません。というのも、その時期

**地球の歴史**

| 年代(年前) | 主な出来事 | 主な時代区分 |
|---|---|---|
| 46億年前 | 太陽系・地球の誕生 | 先カンブリア時代 |
| 38億年前 | 生命の誕生 | |
| 24億〜22億年前 | 大酸化イベント | |
| 22億年前 | 全球凍結 | |
| 20億年前 | 真核生物の誕生 | |
| 12億年前 | 多細胞生物の誕生 | |
| 7億年前 | 全球凍結 | |
| 6億年前 | 全球凍結 | |
| 5億4200万年前 | カンブリア大爆発 | カンブリア紀 |
| 4億8830万年前 | 魚類の登場 | オルドビス紀 |
| 4億4370万年前 | 植物の上陸 | シルル紀 |
| 4億1600万年前 | 両生類の出現 | デボン紀 |
| 3億5920万年前 | 爬虫類の出現 | 石炭紀 |
| 2億9900万年前 | 超大陸パンゲアの形成 | ペルム紀 |
| 2億5100万年前 | 恐竜の出現 | 三畳紀 |
| 1億9960万年前 | 生物の大型化 | ジュラ紀 |
| 1億4550万年前 | 恐竜の繁栄と絶滅 | 白亜紀 |
| 6550万年前 | 哺乳類の繁栄 | 古第三紀 |
| 2303万年前 | ヒトの祖先の出現 | 新第三紀 |
| 258万8000年前 | 人類の時代 | 第四紀 |
| 現代 | | |

の地球は、地表に隕石（いんせき）が降り注ぎ、一〇〇〇℃の熱風が吹き荒れるなど、きわめて不安定な状態でした。したがって、いったん発生した生命体が消滅してしまった可能性もあります。小さな生命が発生と消滅を何度もくり返して、どこかの段階で私たちの祖先となる生命体が安定的にはびこるようになったのかもしれません。

また、その祖先がたったひとつの個体だったのか、広い範囲で同時期にたくさんの個体が発生したのかも謎です。必要な材料が揃い、気候的な条件が整えば、同時多発的に誕生した可能性は高いでしょう。

その場合、それぞれの個体は同じ「種」と呼べるほどよく似たものだったかもしれないし、微妙に中身の異なる生命体だったのかもしれません。果たして、生命は最初から多様だったのか、それとも一種類だけだったのか――実証するのはきわめて困難なテーマではありますが、「生命とは何か」を考える上では、そのあたりも興味深いところです。

## 原始の地球を再現したユーリー－ミラーの実験

先ほど、炭素が生物にとって重要な材料だという話をしました。しかし当然ながら、炭素をたくさん集めただけでは、生物にはなりません。

地球上の生物の体は、基本的にタンパク質でできています。タンパク質とは、有機物（炭素を含む化合物）であるアミノ酸がたくさんつながった高分子化合物のことを指します。したがって三八億年前の地球では、無機物からアミノ酸が生まれ、それがつながってタンパク質になるという化学進化が起こったはずなのです。タンパク質があれば必ず生命体になるというわけではありませんが、なければ話になりません。

では、原始の地球に存在した無機物から、どのようにしてタンパク質が合成されたのでしょうか。現に生物が存在する以上、それができたことは間違いありませんが、その仕組みはまだわかっていません。

一九五三年に行われた有名な実験で、原始の地球でアミノ酸が作られることまではわかりました。実験を行ったのは、アメリカの化学者スタンリー・ミラーという人です。シカゴ大学でハロルド・ユーリーの研究室に所属していたので、「ユーリー－ミラーの実験」と呼ばれています。ちなみにハロルド・ユーリーは、重水素発見の功績によって一九三四年にノーベル化学賞を受賞した偉大な化学者です。

ミラーは、地球の原始大気に含まれていたと考えられるメタン（$CH_4$）、水素（$H_2$）、アンモニア（$NH_3$）、水蒸気（$H_2O$）をガラス容器に封入し、六万ボルトの高圧電流を放

**ハロルド・ユーリー**（1893〜1981年）
アメリカの物理化学者。
重水素発見の功績により、
1934年にノーベル化学賞を受賞した。

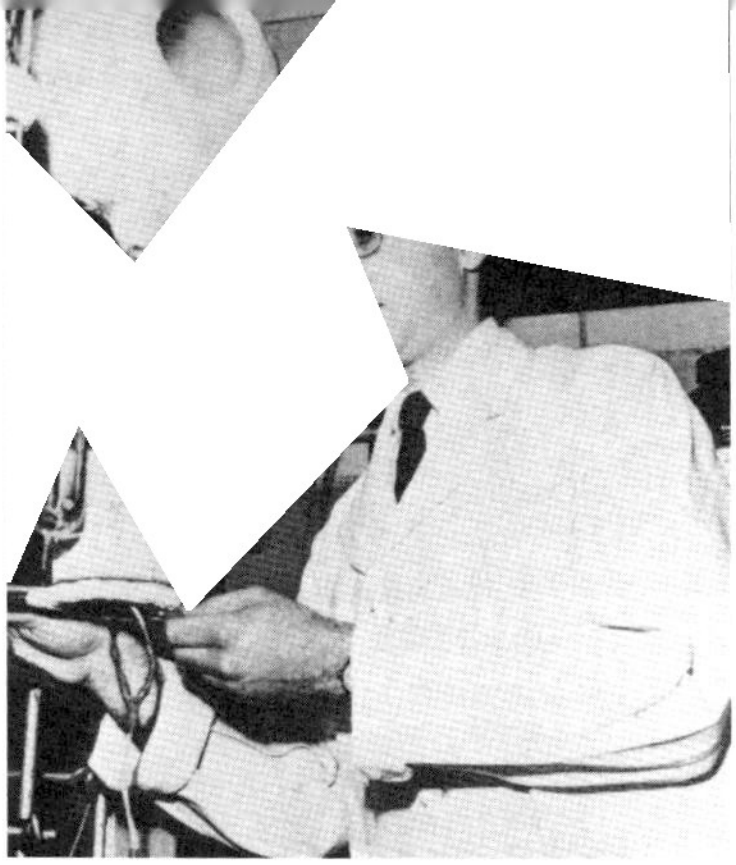

**スタンリー・ミラー**（1930〜2007年）
アメリカの化学者。
ユーリー－ミラーの実験を行った当時は、
シカゴ大学の大学院生だった。

電しました。この火花放電は、雷を模しています。当時の不安定な地球環境では、雷が頻繁に起きていたはずなので、それが有機物の発生に関係していたのではないかと考えたわけです。

地球の原始大気を模したガラス容器からはガラス管を介して別のガラス容器（フラスコ）につながり、そこからまたガラス管で元のガラス容器に戻ります。フラスコには原始海洋を模した水というかお湯が入っていて、ぐつぐつ煮えています。火花放電でできた有機物がお湯の中で反応して、より複雑な有機物になることを期待してのことでした。

一週間後、フラスコの中には数種類のアミノ酸が生じていました。原始の地球で同じことが起きたかどうかはわかりませんが、そこに存在した単

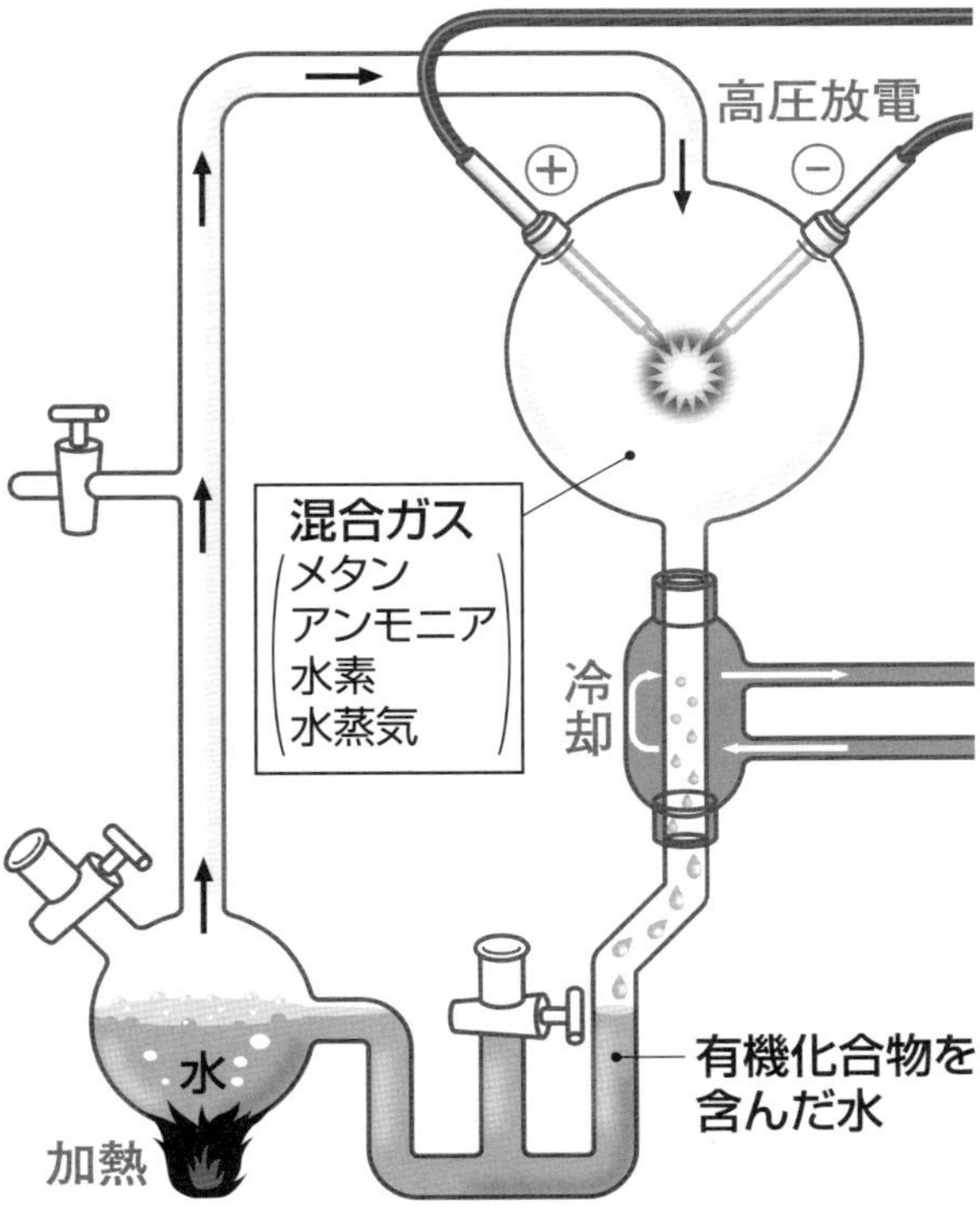


**ユーリー－ミラーの実験**

1953年にスタンリー・ミラーが行った、
原始生命の化学進化に関する実験。原始地球の環境で、有機物（アミノ酸）が
生成されたかもしれないということを示した。

純な無機物から、複雑な分子構造を持つ有機物が生まれ得ることが実証されたのです。

しかし、そのアミノ酸がつながってタンパク質になるかどうかは、また別の問題です。ミラーの実験以降、多くの研究者がさまざまな手法で有機物の生成を試みましたが、「茶色いネバネバしたもの」はできるものの、タンパク質にはなりません。そこから検出されるアミノ酸、糖、核酸なども、ほんの微量です。二つか三つのアミノ酸がつながったという報告もありますが、タンパク質になるには、五〇～一〇〇個のアミノ酸をつなげなければなりません。原始の地球で起きた「タンパク質の合成」を試験管の中で再現できた研究者は、まだ一人もいないのです。

## 「原始のスープ」は海底火山の熱水循環で作られた？

もちろん、地球という〝自然の実験室〟は生物学の実験室とは比較にならないほど巨大ですから、そこで何億年もの時間をかければ、「茶色いネバネバしたもの」がタンパク質になる可能性もあるかもしれません。アミノ酸、核酸、糖などの有機物を豊富に含んだ太古の海のことを「原始のスープ」と呼ぶ人もいます。そのスープの中でいろいろな有機物が化学反応を起こしているうちに、いつの間にか生命が生まれた……というイメージを抱いている人も多いでしょう。

ただし、そこで忘れてはいけないのは、当時の海は温度がきわめて高かったことです。最初に生まれた生命体が私たちの祖先であるなら、極端な高温状態で生きられるとは思えません。現在の地球上には、かなりの高温でも生きられる生物がいますが、その最高記録はいまのところ一二二℃。海底火山や温泉などに生息する超好熱性古細菌の一種が、その温度で増殖したことが報告されています。

未発見の生物にはもっと高温で生きられるものがあるかもしれませんが、温度が高すぎるとタンパク質の分子が壊れてしまうので、せいぜい一三〇℃ぐらいまでが限界でしょう。すでに知られている生物は、温度が一五〇℃になると分子が壊れたり変形したりして、使い物にならなくなります。三八億年前の生物も、その基本条件は変わらないはずです。

いずれにせよ、高温といえども生命の素材となる有機物が生じ、それらが集まって生命体を生み出したような温度帯の場所があったのでしょう。そこで注目されるのは、海底火山の熱水噴出孔で起きている熱水循環を〝天然の反応炉〟として想定した実験です。

熱水循環とは、海底の割れ目から浸透した低温の海水が、火山の下にあるマグマ溜まりを覆う岩石で加熱され、熱水になって上昇する現象のことです。これを実験装置で再現し、メタンや水素やアンモニアなどの無機物を循環させたところ、ユーリー - ミラーの実験と同様、アミノ酸などの有機物が生成されました。

熱水噴出孔付近では海水の温度は四〇〇℃くらいまで上がりますが、熱水が浮上するにつれて温度は下がりますので、生命が誕生できる温度のところもあるでしょう。そのため、この熱水循環を生命の起源とする説は、かなり有力視されています。

## 水中でタンパク質が合成される確率は低い

しかし私自身は、この説にあまり賛同していません。この実験では、生成される有機物の量があまりにも少ないからです。論文には「こんな有機物ができた」としか書かれていませんが、実際には〝即戦力〟にならない有機物のほうが大量に作られている。それを考えると、ひどく効率が悪いように思えてなりません。つまり、生成された有機物が組み合わさってタンパク質になる確率が低すぎる気がするのです。

アミノ酸が何十個もつながってタンパク質になる確率を上げるには、まず大量の材料が必要でしょう。また、材料の有機物がたくさん存在したとしても、それが組み合わさる自由度が高いと、確率は下がります。

先ほども述べたとおり、タンパク質を作るには、最少でも五〇個のアミノ酸を正しい順番につなげなければなりません。水中では多種多様なアミノ酸が自由に漂っているので、可能な順列組み合わせがすべて起こるでしょうから、延々と試行錯誤を続ければ、その中からタンパク質ができあがるかもしれません。しかし、その確率は「奇跡」といってもいいほど低いのです。しかも、タンパク質がひとつできただけでは、まだ生命にはなりません。

さらにいえば、アミノ酸にかぎらず分子がくっついて長くなるときには、ほとんどの場合、水の分子（$H_2O$）がひとつ出てきます（これを「脱水反応」といいます）。しかし周囲が水ばかりだと、水分子が必要とされないので、この脱水反応が簡単には起きません。つまり海中では、タンパク質のような長い分子が作られにくいのです。

そう考えると、海底火山の熱水循環によって生命が誕生する確率はきわめて低いといわざるを得ません。海全体で試行錯誤が行われるならともかく、海底火山は数が限られているので試行錯誤の回数、いわば「買える宝くじの枚数」が少ないことも問題です。宝くじは、もし「全部買い」ができるなら必ず当たるわけですが、海底火山の熱水循環だけで「タンパク質の合成」という当たりくじを手に入れるのは至難の業（わざ）でしょう。

では、もっと確率の高い方法はあるのでしょうか。

そこで私が注目しているのは、一九八八年に発表された「表面代謝説」です。この論文を書いたギュンター・ヴェヒターショイザーというドイツ人は、生物学者が本職ではなく、特許を扱う弁理士でした。しかし、古今の文献を渉猟(しょうりょう)し、ほとんど独学で勉強した結果、きわめて重要なことに気づいて論文で発表したのです。その論文は学界から非常に高く評価されました。日本ではなぜかあまり知られていませんが、世界的には熱水循環説と同じかそれ以上に有力視されている考えです。

## 「スープ」から「クレープ」へ

表面代謝説とは、簡単にいうと、「ガス中や水中ではなく鉱物の表面」でたくさんの有機物が作られ、それが生命の素になったという考え方です。

代謝については次章で説明しますが、とりあえず代謝とは生命体と非生命体を区別する重要な特徴のひとつだと思ってください。あるものが代謝をしていれば、それは実に生命らしいといえるのです。

海底火山によくある硫化鉄に硫黄の原子がもう一個つくと、「黄鉄鉱(パイライト)」という金色の鉱物になります。これは実にありふれた反応で、珍しい現象ではありません。そして、硫化鉄が黄鉄鉱になるときに出てくる化学エネルギーを使って二酸化炭素（$CO_2$）からさまざまな有機物ができてきます。

有機物ができるだけなら、熱水循環と変わらないと思うかもしれません。しかし原始の地球の大気（二次大気〈地球由来の大気〉）は、大半が二酸化炭素だったと考えられるので、それを利用して有機物を作るのは、たいへん効率のよい方法なのです。

また、有機物が水中を漂っているのと違い、黄鉄鉱は鉱物なので、その表面に分子が集まって結合し、水の分子がひとつ出る脱水反応も起こりやすい。つまり、熱水循環よりも分子と分子がつながりやすいのです。

なにより重要なのは、海底火山の熱水循環と比べると、黄鉄鉱の表面における化学反応のほうが、試行錯誤の回数、いわば「買える宝くじの枚数」が多いことです。どちらも海底火山の周辺で起きるのであれば、チャンスは同じだと思うかもしれませんが、そうではありません。海底の岩石には無数のひび割れや空隙があるので、有機物を作る黄鉄鉱の表面積はきわめて大きくなるのです。

小さなものでも表面積が大きくなるのは、活性炭を例に出せばよくわかるでしょう。冷蔵庫の脱臭剤などに利用される活性炭は、内部に無数の穴が開いているため、わずか一グラムでも表面積がテニスコート四面分から六面分にもなるのです。だから、少量でも臭いの成分を大量に吸収できるわけです。

海底の岩石もそれと同じで、狭いスペースであっても、ひび割れや空隙の表面積は膨大なものになります。そこでたくさんの有機物が作られれば、ほとんど「宝くじの全部買い」に相当するほどの試行錯誤を重ねることが可能でしょう。広大な鉱物の表面で無数の順列組み合わせを試せば、アミノ酸を何十個、何百個もつなげたタンパク質が生成される可能性もあると考えられます。

これまで「生命は母なる海で誕生した」と信じていた人が多いでしょうから、海底の鉱物表面で生まれたとするこの説は、一般的なイメージを大きく覆すものだといえるでしょう。従来のイメージが「鍋のお湯の中」だとすれば、こちらは「鉄板の表面」のようなものです。実際、ギュンター・ヴェヒターショイザーの論文を評した科学雑誌の記事には、「スープからクレープへ」という見出しが掲げられました。どちらが正解かはわかりません（どちらも不正解かもしれません）が、「スープ」より「クレープ」のほうが生命を作り出す可能性が高そうだと思います。

## 彗星(すいせい)の表面でもアミノ酸は作られる

少なくとも私自身は、この黄鉄鉱を使うシナリオが登場したことで、たしかに生命の起源は地球上にあるのかもしれないと思えるようになりました。それぐらい、熱水循環説は効率が悪いと考えていたのです。

では、もし表面代謝説が登場しなければ、私はどこで生命が誕生したと考えていたと思いますか。

地球上ではないとすれば、それはもう、「宇宙」しかありません。宇宙のどこかで誕生した生命体が、三八億年前に、何らかの形でこの地球に運ばれてきたと考えていました。

突拍子もない話のように感じる人も多いでしょうが、これは地球上での化学進化と同じように学界でも広く認められた仮説です。この「パンスペルミア説」と呼ばれる宇宙起源説は、いまから一〇〇年以上も前の一九〇六年に、スウェーデンのノーベル賞化学者スヴァンテ・アレニウスによって名づけられました。誰もが抱いていた「地球の生命は地球で生まれたに決まっている」という先入観を打ち破ったという意味で、この仮説には非常に大きな意義があったといえるでしょう。

**スヴァンテ・アレニウス**（1859〜1927年）
スウェーデンの物理化学者。地球上の最初の生命は宇宙からもたらされたという「パンスペルミア説」を提唱した。電解質の理論に関する業績により、1903年にノーベル化学賞を受賞している。

生命が地球外で誕生したと考えるのは、そんなに無理のある話ではありません。タンパク質の材料であるアミノ酸などの有機物は、ほかの天体や宇宙空間でも生成されます。地球も宇宙の一部なのですから、有機物が地球だけで作られると考えるほうが不自然でしょう。アミノ酸があれば、そこから生命体ができあがる可能性は十分にあります。それが隕石や彗星に乗って地球にデリバリーされ、そこに棲（す）みついたと考えることは必ずしも不自然ではありません。

　生命の起源を地球に求めるとすると、地球の誕生から生物の誕生までの数億年しか時間がありません。しかし、宇宙に起源があるとすれば、その何倍もの時間をかけることができます。天体も文字どおり「星の数ほど」あるのですから、買える宝くじの枚数（＝試行錯誤の回数）は地球上とは比較にならないほど多いので、〝当たりくじ〟、つまり、生命誕生の可能性は高くなります。

実際、たとえばハレー彗星の表面は、コールタールのような有機物でベッタリと覆われています。地球に接近したときは明るく輝いて見えますが、実は汚れた雪玉のような天体で、太陽光の反射率も低い。そこに太陽の紫外線や宇宙空間の放射線が当たると、有機物が壊れる過程でアミノ酸のようなものができます。太陽の近くを通過するときは、氷が溶けるので液体の水も存在するでしょう。

そこに何らかの形で大きなエネルギーが加われば、一気にさまざまな化学反応の連鎖が起こるかもしれません。太陽系の外から飛んでくる銀河宇宙線には、太陽が出す放射線の一〇〇〇倍から一万倍ものエネルギーを持つものがありますから、これはリアリティのある想定です。

それだけのエネルギーがあれば、雷や熱水循環ぐらいでは絶対に起きない反応が起こることも考えられます。実験でたしかめられたわけではありませんが、アミノ酸を一つひとつ結びつけるのではなく、同時に一〇〇個つなげてしまうような反応もあり得るだろうと私は思っています。少なくとも熱水循環説よりは、タンパク質が合成される見込みがあるのではないでしょうか。

## 宇宙起源説の可能性を示す火星の隕石

では、仮にほかの天体で生命体が誕生したとして、それが地球に送り届けられることはあり得るのか。

実は、その可能性を示す隕石が見つかっています。一九八四年に南極大陸のアラン・ヒルズという場所で発見された「ＡＬＨ８４００１」です。これは、火星起源の隕石でした。なぜそれが火星のものだとわかったかといえば、一九七六年にアメリカが飛ばした火星探査機「バイキング」によって、火星の大気の組成が分析されていたからです。ＡＬＨ８４００１に含まれていたガスの成分はそれと一致したのです。

一九九六年およびその後に発表された分析結果によると、ＡＬＨ８４００１は約三六億年前に火星で溶岩から生成され、一六〇〇万年前に小惑星が火星に衝突した際に宇宙空間に飛び散ったと考えられています。それが地球に落下したのは、約一万三〇〇〇年前のこと。それまで一五〇〇万年以上にわたって、宇宙を漂流していたことになります。

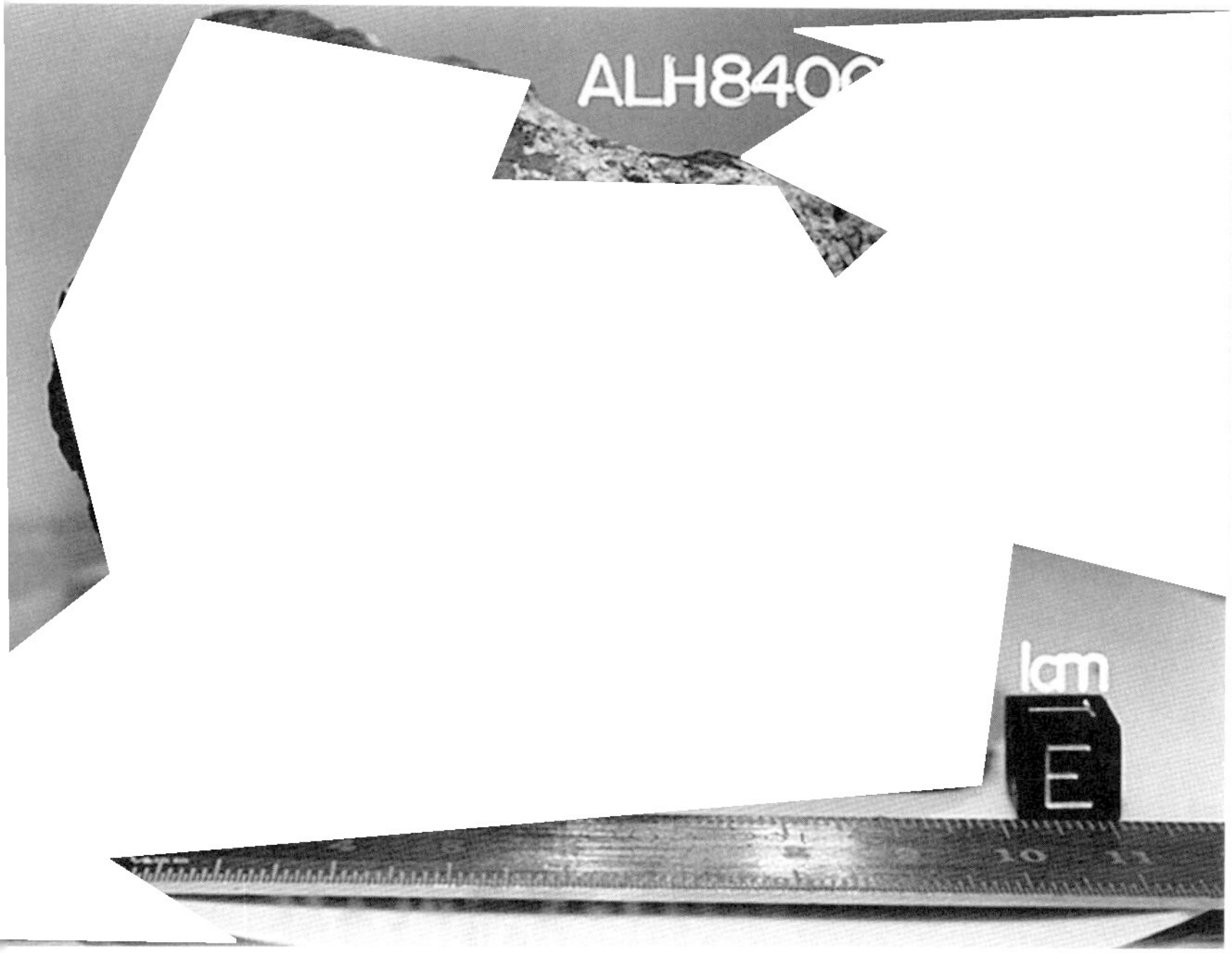


**ALH84001**

火星起源の隕石で、1984年に南極大陸のアラン・ヒルズで採取された。
内部から微生物のような化石の構造体が確認され、
地球外生命の痕跡ではないかと物議をかもしたが、いまなお結論は出ていない。

とはいえ、火星から飛んで来た隕石自体は必ずしも珍しくありません。世界各地で、たくさん発見され、その特徴によっていくつかのグループに分類されています。

しかしALH84001は、そのいずれのグループにも分類できない奇妙な隕石でした。そこで石を割って内部を調べてみたところ、太古の地球に存在したとされるシアノバクテリアそっくりの化石が確認されたのです。

詳しくは後の章に譲りますが、シアノバクテリアはそれまで地球上にあまり存在しなかった「酸素($O_2$)」を大量に作り出す道を開拓したという点で、きわめて重要な存在だと考えられています。それとそっくりな化石が火星の岩石に含まれているのは、実に興味深い事実です。

もっとも、ALH84001の微生物化石が本当に生命体だったかどうかについては、疑問視する声もあります。というのも、その化石は地球のシアノバクテリアと形はよく似ているものの、サイズが五〇分の一以下しかありません。シアノバクテリアは数珠のような細胞が何十個も並んだような姿をしているのですが、火星のそれは、細胞を一〇個並べても大腸菌ひとつ分の大きさしかないのです。

大腸菌は一マイクロメートル程度なので、火星の化石の〝細胞〟はひとつが〇・一マイクロメートルということ。そこまで小さい生物は、地球上では知られていません。そのため、「これは鉱物などの非生物でも生成される可能性がある」と主張する学者もいます。

でも、私はそうは思いません。そもそも私は微生物が専門分野で、「地球でいちばん小さい生物は何か」を研究テーマのひとつにしています。そして、これまでのところ、〇・一五マイクロメートルの微生物が存在することは突き止めました。

実は、世の中の除菌フィルターは「〇・二マイクロメートル以上の大きさの微生物を除去（除菌）する」ことを前提に作られています。これはあまり大きな声ではいえないのですが、そのフィルターを通り抜けられる微生物はたしかに存在するのです。現在の地球にそこまで小さい微生物がいるなら、かつての火星に〇・一マイクロメートルの微生物が存在したとしても、不思議ではないでしょう。

また、ＡＬＨ８４００１の内部には、高温にさらされると分解してしまうはずの鉱物がそのまま残っていました。これは、地球の大気圏に突入したときの熱が内部にあまり影響を及ぼさなかったことを意味しています。いくらか内部の温度が上がったとしても、せいぜい四〇℃か五〇℃ぐらいだったはずです。それならば、内部の微生物が生きたまま地表に届く可能性は十分にあり得ます。

もちろん、ＡＬＨ８４００１の化石が地球のシアノバクテリアの祖先になったのかどうかはわかりません。それはまた別の問題です。ここで重要なのは、「宇宙から地球に生命体が運び込まれることがあり得る」ということです。

地球内部に生命の起源を求める説は、おおむね「スープ派」と「クレープ派」の二つに大別されます。しかし、宇宙起源説もまだまだ捨てられません。私たちの祖先は、鍋や鉄板で料理されたわけではなく、宅配ピザのように「出前」で地球にやって来たのかもしれないのです。

第二章

# 生命とは何か

## 「定義」は難しいが「特徴」は挙げられる

前章の冒頭でも述べたとおり、地球上には多種多様な生物が存在します。ヒトやサル、ブタやウサギ、トカゲやカエル、バッタやカブトムシ、ヒマワリやスギなど、名前や形はさまざまですが、どれも同じ〝地球の生物〟にほかなりません。

しかし、これだけ見た目の違うものが、なぜ生物という同じ分野に属する仲間だといえるのでしょうか。これは、考えてみると不思議なことです。

一方で地球上には生物ではない物質もたくさん存在しており、たとえば工事用のクレーン車などは、見た目がキリンに似ていなくもありません（クレーンの英語ｃｒａｎｅはもともと「ツル〈ｃｒａｎｅ〉」に似ていることに由来します）。少なくとも「キリンとタンポポ」よりは、「キリンとクレーン車」のほうが形は似ているといえるでしょう。

ところが私たちは、クレーン車ではなくタンポポのほうをキリンにより近い仲間だと認識します。クレーン車は生き物ではないけれど、キリンとタンポポには生命があるからです。

さて、それでは生命とは何でしょう。そこで権威ある『岩波生物学辞典』を引いてみると、生命とは「生物の属性」だと書いてあります。まあ、それはそうでしょう。生命が宿っているように感じるから、私たちはそれを生物だと考えます。

ならば、その生物とは何か。同じ辞典を引くと、生物とは「生命現象を営むもの」とじか書いてありません。生物は生命を持っており、生命は生物に属している。これでは話がぐるぐる回ってしまい、何も説明していないのと同じことです。

とはいえ、私はこの辞典を責めるつもりはありません。生命や生物は、それぐらい定義が難しいものだからです。生物と非生物の違いは何なのか——それを明確に答えられる学者はいないでしょう。どのように定義しても、何らかの例外が出てきてしまうのが、生命という現象なのです。

しかし、厳密な定義だけが「生命とは何か」という問いへの答えではありません。定義することはできなくても、その「特徴」を挙げることはできるのです。例外はあるかもしれないけれど、その特徴を持っていれば「生命っぽい」と感じられる性質——それさえわかっていれば、たとえば地球外生命体を探すときの基準になるでしょう。生物か非生物か微妙なものを見つけたときは、そこに生命らしい特徴があるかどうかを観察すればいいのです。

その特徴として、少し前までは「代謝」「増殖」「細胞膜」の三つが挙げられていました。それぞれの意味についてはこれから説明しますが、最近ではそこに「進化」を加えた四つが、生命の特徴とされることが多くなっています。

地球上にいる生命体の特徴としては、最初の三つで十分だといえるでしょう。しかし地球外のどこかで生物らしきものを発見したとき、それだけでは心配です。有機物らしい細胞膜で覆われ、代謝や増殖をしていたとしても、もしかしたらそれは高度な知能を持つ知的生命体が作ったロボットのようなものかもしれません。しかし、それが地球生物のように進化をすることが確認できたら、生命体と呼んで差し支えないだろう――そんなふうに考えるわけです。

もちろん、進化も含めた四つの特徴をすべて兼ね備えたロボットも作れるかもしれませんが、それを考え始めるとキリがありません。逆にいえば、私たち人類を含めた地球上の生物も、三八億年前に異星人がこしらえて置いていったロボットかもしれないという話になってしまいます。

それでは話が迷宮入りしてしまい先に進みませんので、とりあえずは地球上の生命体を基準にして、その特徴について考えてみることにしましょう。

## 「代謝」こそが生命の本質

生命の特徴として考えられている四つの要素は、いずれも地球上の生命体が持っている共通点です。つまり、私たち地球人にとって生命らしく感じられるという話にすぎず、それが必ずしも地球外の生命に当てはまるとはかぎりません。

地球とはまったく異なる環境では、四つの特徴が揃っていない生命体が存在する可能性もあります。たとえば増殖をせずに、無機物から有機的な個体が生まれては消えていく。そんな生命体が、もしかしたらあるかもしれません。

あるいは、外の世界と自分を隔てる膜を持たない生命現象だって、想像力をたくましくすれば考えられます。SF作家なら、そういった生命体が登場する作品をいくらでも書けるのではないでしょうか。

しかし四つの特徴の中でひとつだけ、いくら地球外生命といえども「これがないと生物とは呼べないだろう」と思えるものがあります。それは「代謝」にほかなりません。少なくとも私には、これこそが生命活動の本質ではないかと思えるのです。

代謝とは、物質が化学的に変化して、入れ替わることだと思えばいいでしょう。それは、生物がものを食べることによって起こります（この「食べる」は広い意味で、植物が外部から光や水や養分を取り入れることなども含まれます）。

生物は、外から新しいものを取り入れ、古いものを捨てることで、自分の体を作り替えなければ生きていけません。代謝によって細胞を入れ替えなければ、材料の劣化が進んで崩壊してしまいます。私たち人間も、自分では常に同じ体だと感じていますが、実際には一定の周期で丸ごと細胞が入れ替わっている。髪の毛や爪だけではありません。おそらく、去年のあなたと今年のあなたでは、同じ細胞はひとつもないでしょう。

そうやって体の構成要素を入れ替えていくことを、専門的には「物質代謝」といいます。しかし、代謝はそれだけではありません。もうひとつ、「エネルギー代謝」と呼ばれる働きがあります。実感としては、こちらのほうが「ものを食べる」目的として理解しやすいでしょう。私たちはお腹（なか）が空くと何か食べますが、そのとき体の材料を補給しなければと考える人はいません。食べないと動けなくなるから、食べる。つまり、外部から取り入れる物質によってエネルギーを得ているわけです。生物は、活発に動き回っているときはもちろん、ただ存在するだけでもエネルギーを使いますから、その点でも代謝は絶対に欠かせません。

## 物質を出入りさせながら構造を維持する「渦」としての生命

この代謝というシステムの有無は、生物と非生物を区別する上できわめて重要です。先ほど、「キリンとクレーン車は形が似ている」という話をしました。生物も非生物も何らかの構造を持っており、その形が似ることもあるわけです。

しかし生物であるキリンは、外見上の構造は変わらないものの、実際には代謝によって物質が出たり入ったりしています。非生物であるクレーン車に、そんなことは起こりません。組み立て工場で完成したときの材料がそのまま固定されています。

クレーン車のほうも、故障して修理が行われれば、部品の一部が新しいものに入れ替わることがあるでしょう。しかしキリンの代謝は、そういう作業とは異なります。生物は、故障した細胞だけを交換するわけではないのです。傷などがついていなくても、とにかく一定の時間が経つと古い細胞は捨て、食べたものを材料にして新しい細胞に作り替える。それでは無駄が多いように感じるかもしれませんが、生物にとっては、いちいち「これは交換すべきだろうか、あるいは、もう少し使えるだろうか」と考え込む煩雑なシステムを作るほうが、むしろエネルギーを要するのです。「このタイミングで必ず入れ替える」という単純なルールのほうが効率がいい。怪我などをすればその部分に自然治癒力が働くこともありますが、それがなくても、毎日毎日、物質が出たり入ったりしているのです。

考えてみると、これは実に不思議なことではないでしょうか。

非生物の構造は静的なので、昨日も今日も形が同じように保たれているのは当たり前です。しかし生物は、常に物質が出入りしているのに、それぞれの決まった構造を維持している。私たち人間は毎日五〇〇〇億個もの細胞が入れ替わっていますが、それでも昨日と今日で顔が変わったりはしません。

ただし非生物の中にも、それと似たようなやり方で構造を維持しているものはあります。たとえば「渦」がそうでしょう。水の量や流れの速さなどの条件が一定なら、そこに生じる渦の構造は変わりません。でも、その渦を形成している水は常に入れ替わっています。水という物質を出入りさせながら構造を保っているのが、渦という現象なのです。

渦を構成する水と違って、生物の代謝は目に見えません。しかし、食べた物質が体内に入り込み、捨てられた細胞が外に出て行く様子を可視化してビデオに撮り、それを超早回しで再生できたとしたら、それは渦とそっくりに感じられるのではないでしょうか。

渦は、水の出入りが止まった瞬間から消えてなくなります。生物も同じで、エネルギーや物質の出入りが止まれば、やがて死が訪れる。水中にできる渦と違うのは、代謝に必要なエネルギーや物質を自ら主体的に取り込むことです。自分の構造を維持するために、動物なら食べ物を求めて移動し、植物なら葉をより高いところに茂らせ、根を広く深く伸ばす。これも生物の大きな特徴といえるでしょう。生命とは、いわば「自己開拓能力を持つ渦」のようなものなのです。

## 生命は「負のエントロピー」を食べている

ところで、エルヴィン・シュレーディンガーという人物をご存じでしょうか。波動力学の構築などによって量子力学の確立に大きく貢献し、一九三三年にノーベル物理学賞を受賞した理論物理学者です。「シュレーディンガーの猫」と呼ばれる思考実験を考案したことでも有名なので、名前を聞いたことのある人も多いでしょう。本書は生物学がテーマなので、量子力学やシュレーディンガーの猫については説明しません。興味のある人は、素粒子物理学の入門書などに必ず出てくるので、そちらを読んでみてください。

では、そんな物理学者の名前をなぜここで出したのか。それは、彼が一九四四年に『生命とは何か』という本を書いているからです。その副題は、「物理的に見た生細胞」。物理学と生物学は関係ないと思っている人も多いでしょうが、生物もこの宇宙に存在する素粒子からできている以上、物理学者の研究対象になり得るのです。シュレーディンガーはこの本で、染色体が生物の「設計図」であることを予想し、後に発展する分子生物学の先鞭(せんべん)をつけました。

ただし、ここで取り上げたいのは染色体に含まれている遺伝子、あるいは染色体を構成するDNAのことではありません。シュレーディンガーは、その本の中で生命活動の本質についても語りました。彼にとっての生命とは、「負のエントロピーを絶えず食べる」ことだといいます。

これが先ほどから話している代謝を指していることは、何となくわかるかと思います。シュレーディンガーは、生命はエネルギーや物質ではなく「負のエントロピー」を食べていると表現しました。これは一体、どういうことなのでしょうか。

エントロピーはひと言で説明するのが難しい概念ですが、一般的には「乱雑さの指標」といわれています。これは、「秩序」の反対だと思えばいいでしょう。そして、熱力学には「エントロピー増大原理」という法則(熱力学の第二法則)があります。つまり、物理的な秩序は、放っておくと乱雑さが増していくというのです。エントロピーが低いほど乱雑さが少なく、高いほど乱雑になるというのです。

とはいえ、これでも少々わかりにくい。もっと平たくいえば、物質的な「濃淡（ムラ）」があるのがエントロピーの低い状態、その濃淡が均されているのがエントロピーの高い状態です。

たとえば、水の入ったコップに赤いインクを一滴だけ垂らしたとしましょう。最初はコップの中に赤い部分と無色の部分がありますが、徐々にその濃淡が薄まり、やがてインクの赤が広がって全体が同じ色になります。これが、「エントロピーが増大した」ということにほかなりません。ある範囲にまとまっていた赤インクの秩序がバラバラに乱れて、全体に均されたわけです。

## エネルギーを注入すればエントロピー増大を防げる

しかも、壊れた秩序が元に戻ることはありません。ビデオを逆回転させるように、全体に均された色が一滴のインクに収斂することはない。エントロピーは、低い状態から高い状態へと一方向にしか進まないのです（ちなみに、これが物理学的な「時間」の概念にもなっています。エントロピーが増大の方向にしか進まないのと同じように、「時間の矢」

も未来という一方向にしか進まないのです)。

エントロピーは放っておけば必ず増大するので、あらゆる物質的なまとまり(秩序)は、そのままだと崩壊を免れません。それを食い止めるためには、バラバラにならないように束ねておくエネルギーが必要です。水に垂らしたインクも、何らかのエネルギーが加われば滴としての形を維持できるのです。

その意味で、エントロピーとはエネルギーの反対のことをいっているのだと考えてかまいません。これはきわめて乱暴ないい方で、物理学者が聞いたら怒るかもしれませんが、エントロピーの概念を大雑把に理解するには、そう考えるのが早道です。

だとすれば、シュレーディンガーのいう「負のエントロピー」とは、「正のエネルギー」のことにほかなりません。代謝によってエネルギーを投入し続けないと、生命体は必ず崩壊する。エントロピー増大の法則はこの宇宙を貫く最大にして最強の原理ですが、それに逆らう唯一の方法が、エネルギーを注入することなのです。

たとえば、いまあなたが手にしているこの本は、水に垂らした瞬間の赤インクと同様、物体としてひとつのまとまりを作っています。紙のセルロース繊維の分子と分子を結びつける力が全体に及んでいるので、すぐにはバラバラになりません。しかし、いずれ時間が経てば、古文書のように劣化してボロボロになるでしょう。分子をまとめるエネルギーを注入しないかぎり、紫外線や酸素によって分子の結合が断ち切られて、物体としての秩序が崩壊するのです。紙の原料はもともと樹木という生物ですが、すでに生命を失っているので、そこにエネルギーは供給されません。

生命体だったときの樹木は、そのエネルギーを自ら獲得することで、崩壊を免れていました。紙の束は何も食べないので崩壊しますが、生物は負のエントロピー（＝エネルギー）を食べて、渦としての構造を保っているわけです。

ただし一方で、熱力学には「エネルギー保存の法則」（第一法則）があることも忘れてはいけません。ある物理現象の前後で、全体のエネルギー量は変わらない。たとえばヤカンの水は熱エネルギーを加えることで温度が上がりますが、その分、熱するのに使ったガスや電気などのエネルギーは失われているのです。

したがって、ある空間の中にエネルギーを使ってエントロピーを低い状態に保っている部分があると、その周囲からはエネルギーが失われていきます。エネルギーはエントロピーの反対ですから、エネルギーが失われたところではエントロピーが増大する。つまり、エントロピーの低い構造があるときのほうが、全体のエントロピー増大は加速するのです。

## 生命が宇宙のエントロピー増大を加速させている？

だとすると、この宇宙にとって生命とはどういう存在でしょうか。

この宇宙には星や銀河といったさまざまな構造物がありますが、エントロピー増大の法則に支配されている以上、これらはいずれすべて崩壊します。何の構造も秩序もない〝のっぺらぼう〟の空間になることは避けられません。もちろん、そうなるのは気が遠くなるほど先のことですが、宇宙の未来のことを考えると、私は正直、暗澹（あんたん）たる気分になります。宇宙全体のエントロピーが極限まで高まったとき、宇宙は終焉（しゅうえん）を迎え、そこでは時間が止まることになる。これを宇宙の「熱的な死」といいます。

もともとそういう絶望的な運命の下にある宇宙に、あるとき生命という現象が生まれました。地球で生まれたのが最初なのか、どこかの彗星で生まれたのか、それはわかりません。しかしとにかく、宇宙のどこかで負のエントロピーを食べて自らの崩壊を食い止める「部分」が発生したわけです。

全体から見ると、これはある意味で迷惑なことでしょう。エネルギーを使って小さな秩序を維持する部分があると、全体のエントロピー増大は加速し、崩壊が前倒しされるからです。先ほどの「インクを垂らした水」に、いくつもの渦が発生したと思ってください。ぐるぐると水がかき回されれば、赤インクの色はより早く全体に広がります。それと同じように、生命体という渦は、宇宙が均一な〝のっぺらぼう〟の空間になるのをあと押ししている。私たち生物は、自分たちが生きることによって、宇宙の死期を早めているといえるのです。

前章で述べたとおり、この宇宙で生命が誕生したのが確率的に「ごくふつうのこと」なのか、「きわめて稀なこと」なのかは、よくわかりません。生命は、星や銀河が生まれれば必然的に生まれるかもしれないし、たまたま地球という天体にだけ生まれた奇跡的な偶然なのかもしれない。しかしいずれにしろ、宇宙は生命を生んだことで自らの崩壊を促すことになりました。そう考えると、私には生命という現象が、この宇宙に咲いた徒花（あだばな）のようにも思えてきます。代謝が生命活動の本質だとしたら、それはとても皮肉な現実を私たちに突きつけているのかもしれません。

## 「増殖しない不老不死の生命体」はあり得るか

さて、暗い気分になっていても仕方がないので、話を先に進めましょう。

生命の特徴は代謝だけではありません。「増殖」することも、非生命体にはない、生物らしさのひとつです。代謝による渦は、個体レベルでは永久には続きませんが、生命体は個体を増やすことによって、その渦を次世代に継承していく。増殖というと、単細胞生物が分裂して増えることをイメージするかもしれませんが、ヒトを含めて多くの生き物が有性生殖によって個体数を増やしていくことも、増殖にほかなりません。

もちろん個体ごとに見れば、増殖せずに死ぬケースもあります。しかし、だからといって、その個体が「生命体ではない」ということにはなりません。その生物の仲間が集団として個体数を増やしているかどうかが問題なのです。

ただ、非生命体が自己増殖をしないことはたしかですが、自己増殖をしなければ必ず非生命体かというと、私にはそうは思えません。いまのところ地球上で私たちが知っている生物は増殖をするので、それが生命らしさのひとつではあるものの、どこかに増殖しない生命体がいてもいいのではないかと思うのです。

エネルギー代謝と物質代謝によって渦を永遠に保ち続ける、不老不死の存在。もしそれが目の前にいたら、たとえ増殖をしなくても、私たちは「非生命体」とは思えないのではないでしょうか。

ひょっとしたら、現にそれは地球のどこかにいるかもしれません。三八億年前に誕生したまま、増殖も進化もせずに淡々と生き続けている生命体が、誰にも見つからずに、どこかに潜んでいないともかぎらないのです。

実は、増殖しない生物は実験で作ることができます。増殖にはゲノム(遺伝情報の総体)のDNAに書き込まれた情報が必要なので、単細胞生物からそれを抜き取ってしまえば、分裂できません。実際、大腸菌の細胞からゲノムを抜き取ると、「代謝はするが増殖はしない細胞」になります。

しかし残念ながら、少なくとも私にとって、これは生き物に見えません。ゲノムがないと、外から物質を取り込んでも細胞を作り替えることができないので、劣化してやがて死んでしまうからです。いや、生き物に見えないのですから、「死んだ」ようにも思えません。物質として崩壊するというイメージでしょうか。ゲノムを抜いた大腸菌の「生死」は、温度に依存します。温度が高ければ早く崩壊し、低ければ長持ちする。そのタイミングは完全に化学反応の式で計算できます。化学式で説明できる死は、どうも面白くない。面白いかどうかで判断するのも科学者らしくない話ですが、私にはそれが単なる「代謝する袋」にしか見えないのです。

代謝は生命活動の本質ですが、やはりその渦が完全に消えてしまっては生物らしくありません。個体が永久に生き続けるか、増殖によって次世代に受け継がれていくことが、生物が生物らしくあるためには重要なのでしょう。

## 分裂した単細胞生物には「親」も「子」もない

おそらく、ゲノムを抜いた大腸菌の細胞が死なずに生き延び続けたら、私たちの生命観は大きく揺さぶられると思います。しかしいまのところ私たちは、増殖せずに生き続ける生命体を知りません。

ただしバクテリアのような単細胞生物の場合、増殖はするものの、ある個体がずっと生き続けているようにも見えます。というのも、ひとつの細胞が分裂して二つに増えたとき、どちらがオリジナルで、どちらがコピーなのか区別がつかないからです。

もし、どちらかが先に寿命を迎えて死ぬのなら、そちらが「先代」で、残ったほうが「当代」だと考えてもいいでしょう。しかしバクテリアには、そもそも寿命死がありません。不老不死ではないのですが、死ぬのは代謝のためのエネルギーや物質が手に入らないとき。いわば餓死するのがおもな死因なのです。

では、バクテリアにとって増殖とは何なのか。バクテリアは、細胞が大きくなって元のサイズの二倍ぐらいになると、半分に分裂して増殖します。ですから、どちらが「親」でも「子」でもなく、「自分」が二つになるだけです。また、サイズが倍になったということは、細胞内に存在する物質の半分は新たに外から取り込んだものですから、分裂した二つの細胞も、それぞれ半分は若返っていることになります。どちらも、半分はリニューアルされている。増殖そのものが目的というより、新陳代謝の一環として分裂しているようにも感じられます。

私たち人間は、新陳代謝で体の細胞がすべてリニューアルされても、別の人間に生まれ変わるわけではありません。リニューアルの前も後も同じ自分です。

だとすれば、分裂によってリニューアルされたバクテリアも、自分が二つできたことになるでしょう。その二つがさらに分裂して四つになっても、同じこと。この分裂をくり返せば、二〇回で一〇〇万個、三〇回で一〇億個にも増殖しますが、それはすべて最初のひとつと同じ自分なのです。

もちろん、そのすべてが生き残るわけではありません。しかしひとつでも生き残れば、延々と自分のリニューアルが続いていきます。多くの個体が死んでいるとはいえ、これはある種の「不老不死」だといえるのではないでしょうか。

もちろん、こうした分裂の過程では遺伝子の突然変異が生じ、それが蓄積されれば形も徐々に変化します。それが「進化」と呼ばれる現象で、詳しくは後ほどゆっくり説明しますが、やがては別の種と呼ばれるほど姿や性質が変わることもある。しかし、それも過去の細胞がリニューアルされた結果だと考えれば、元の自分とのあいだには連続性があるわけです。

## 人類の主役は「卵子」なのか

一方、同じ増殖でも、有性生殖で増える生物は事情が異なります。二つの個体のゲノムが交換されるので、生まれた子の遺伝子型は両親と同じではありません。とくに人間の場合はそれぞれまったく別々の意識を持っていますから、生まれたわが子を「リニューアルされた自分」だと思う人はいないでしょう。単細胞生物と違って、それぞれの個体に寿命もあります。「渦としての生命」の本質は受け継がれますが、個体としての継続性や同一性はありません。

ただし人間の場合、「卵子」という細胞だけに着目すると、話が違ってきます。

私たちは皆、もともとは母親の胎内にある一個の卵子でした。そこに精子がくっついて受精卵になり、その受精卵が二個、四個、八個……と分割しながら、ヒトの形に育ったわけです。皮膚も骨も内臓も、そのすべての細胞はもともとひとつの受精卵（卵子）でした。そして、最終的に六〇兆個にも増える細胞の中には、そのまま受精卵（卵子）としての継続性を持つものがあります。

その個体が女性の場合、生まれる前の胎児の段階で、すでに胎児の卵巣内に卵子の元になる細胞（卵母細胞）を持っています。その数は妊娠二〇週の胎児で、およそ六〇〇万〜七〇〇万個。母親から娘に引き継がれた卵子は、さらに孫娘の卵子として残るので、女の子が生まれ続けるかぎり、いつまでも延々と卵子の連続性は保たれ「元の自分」であり続けるわけです。これなど、単細胞生物が「複数の自分」に分裂して増殖するのと非常によく似ています。

もちろん、受精卵になった時点で父親の遺伝子が入り込んでいるので、母親の受精卵と娘の受精卵はまったく同じものではありません。（突然変異がないかぎり）同じＤＮＡあるいはゲノムが継承される単細胞生物の分裂とは、その点で大きく違います。

しかし実は、卵子が分割を始めるためには、必ずしも精子は必要ないという話も出てきています。いわゆる卵割に必要なのは受精という〝機械的な刺激〟なのかもしれません。そうだとすると、ほかの方法でも機械的な刺激を与えることができるかもしれないし、あるいは、薬品などの化学的刺激や温度刺激などでも卵割が始まってしまうかもしれません。

さらに、精子なしで卵割するだけではありません。東京農業大学などの研究者らは、マウスを使った動物実験で、そうやって刺激を与えた卵子を母胎に戻して出産させ、立派なメスの個体を作ることに成功しています。これを「単為発生」とか「単為生殖」といいます。

そうやって生まれた個体はやはりメスなので卵子があって、その卵子に刺激を与えて前と同じことをすれば、また同じゲノムを持つメス個体がコピーあるいはクローンとして生まれるでしょう。このように〝卵子の容(い)れ物〟あるいは〝卵子の乗り物〟としての個体が単為生殖しながら世代交代しますが、そうやって同じ卵子を延々と生かし続けることができるかもしれません。

かつてリチャード・ドーキンスという生物学者は、「生物は遺伝子の乗り物である」といいました。生命現象の主役は遺伝子であって、さまざまな形をした生物自体は遺伝子が生き残るために選んだ手段にすぎないという考え方です。

それになぞらえるなら、私たち人間は「卵子の乗り物にすぎない」といういい方ができるかもしれません。人類の本質は卵子であって、すべての個体は卵子が生き残るための手段にすぎないと見ることもできてしまう。みんな、卵子が次世代に継承されるように世話をして、死んでいくわけです。

だとすると、男性は脇役中の脇役ということになるでしょう。誰かほかに刺激してくれる存在さえあれば、卵子にとって精子などもう必要ありません。遺伝子をシャッフルして多様な個体を作るためには精子もあったほうがよいですが、受精だけがゲノムをシャッフリングする方法なのかどうかもわかりません。

実際、人間を含めて、哺乳類のY染色体（オスだけに存在する性染色体）がどんどん短くなっていて、いずれ消滅する可能性があることも指摘されています。だとしたら、性染色体もそれほど役に立っていないともいえるでしょう。すると、やはりオスには遺伝子のシャッフリングか、卵子に刺激を与えるだけの役割しかないのでしょうか。

私は先ほど「生命は宇宙の徒花」だといいました。生命という現象そのものが徒花なのに、オスはさらに輪をかけた徒花のようです。もちろん、これは卵子に焦点を当てた場合のひとつの考え方にすぎませんが、そう思うと、一人の男として寂しい気持ちにもなってきます。

## 代謝せずにじっとしている地球外生命体をどう見分けるか

とはいえ、理論上の話はともかく、現実的には男性がいないと人類は増殖できません。増殖しない生命体が存在する可能性はあるので、増殖が生物の必要条件かどうかは疑問ですが、増殖していれば「これは生物だ」といえます。ですから地球外の知的生命体が私たち人間を発見したときも、「こいつらはロボットではなく生命体だ」と思ってくれるでしょう。「増殖するロボット」を作るほどの科学技術が地球にはないことも、ちょっと調べればわかるはずです。

ちなみにアメリカのNASA（アメリカ航空宇宙局）は、二〇一二年八月に探査機「キュリオシティ」の火星着陸を成功させました。過去や現在の火星が生命を宿し得たかどうか、英語でいうと「ハビタブル」であるかどうかを調査することになっています。前章でも触れた一九七〇年代のバイキング計画では、火星で採取した土にエサとなりそうな有機物を撒（ま）いたりもしましたが、反応は認められませんでした（正確にいうと、あるひとつの実験だけ生命反応とも解釈できる結果が得られましたが、本当に生命反応だったかどうかはまだ議論されています）。

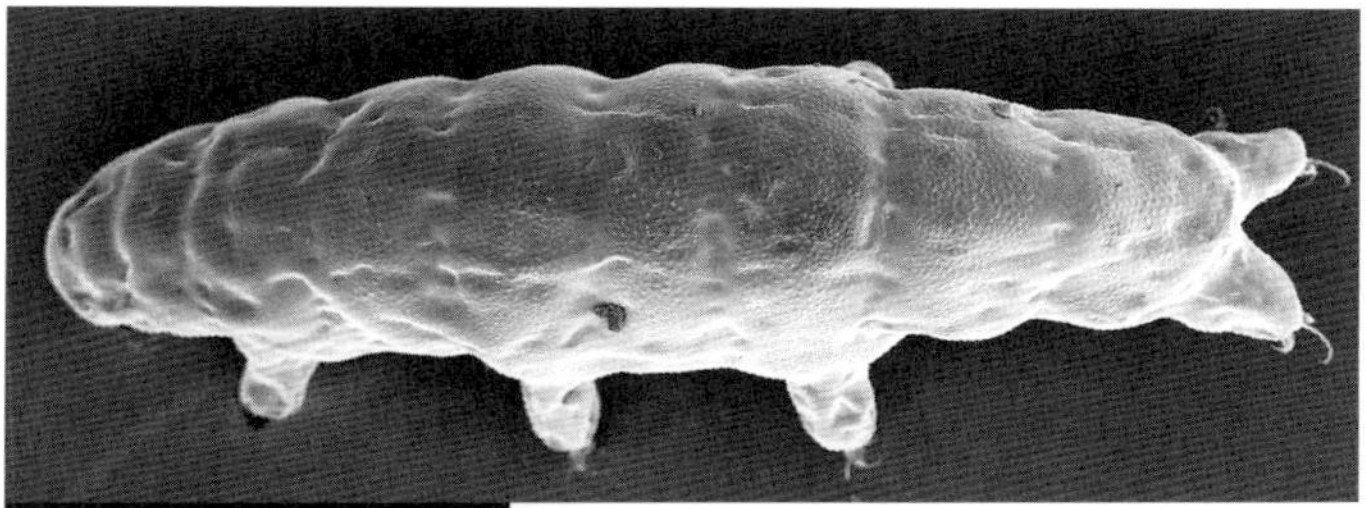

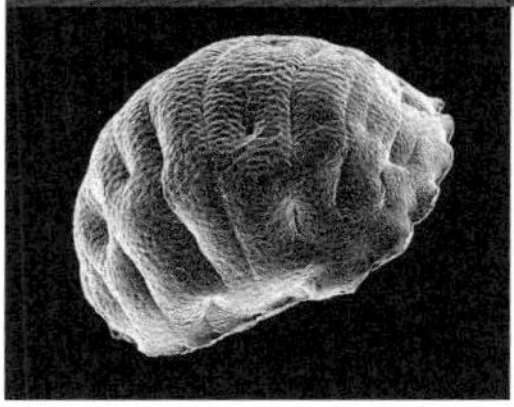

ヨコヅナクマムシ。
乾燥して水分を失うと、
カプセルのような形に変身する(左)。
水を与えると上の状態に戻る。

ほかの惑星で生物を探す場合も、それらしい物体がエサに反応する、すなわち代謝するかどうかがひとつの判断材料になります。代謝は重要な条件ですが、生物は冬眠のように活動を停止することもあるので、必ずエサに反応するとはかぎりません。動かなければエネルギーを消耗しないし、細胞の劣化もあまり進まないので、代謝をする必要がない。たとえば二〇〇〇年以上前の古代のハスの実が、芽を出したこともありました。

動物でも、代謝なしの休眠状態で長期間にわたって生き続けるクマムシのような例があります。ただしクマムシについては、「一二〇年前の標本に水を与えたら蘇生した」という話が流布していますが、これはきちんと検証されていないので眉唾モノ。一種の都市伝説のようなものだと思いますが、数年間の休眠を経た後に蘇生（そせい）する能力をクマムシが持っていることは、間違いありません。

そういう生物も存在するので、生命体らしきものが地球外で発見された場合も、代謝をせずにじっとしている可能性はあると思います。それでも、その物体が増殖している証拠を見つけられれば、生命体だろうと見当をつけることは可能でしょう。もっとも、代謝が停止していれば増殖もしないと思われるので、なかなか難しいところではあります。

では、三つめの特徴である「細胞膜」はどうでしょうか。膜に包まれていれば生物、そうでなければ非生物といえるのかどうか。

理論上の可能性としては「膜を持たない生命体」も考えられないことはありません。しかし、少なくとも地球上で知られている生物は細胞膜に包まれているので、やはり細胞膜は生命の（少なくとも地球生物の）基本的な特徴ないし要素だと思います。

ただし、それも生物が生息している環境によります。

## 「ウォーター・イン・オイル」の生命体に細胞膜は不要

地球上の生物に膜が必要なのは、それがもともと周囲に水のある環境で生まれたからです。生物は、自分自身が「水っぽい」存在なので、周囲の水との関係を考えると「ウォーター・イン・ウォーター」となります。これでは外の水と内の水とのあいだを何かで仕切らなければ混合ないし拡散してしまう。そこで、油っぽい膜で自らを包みました。

ただし、いま地球上で確認されている生物の細胞膜は、単なる仕切りではありません。飲み物のペットボトルのような容器とは違い、そこには外とのあいだで物質を選択的に出し入れする機能があります。必要な物質を取り入れ、不要な物質を排出しなければ、代謝ができません。また、周囲の環境ストレスも膜を通して細胞内に伝達されます。温度の変化、生体に影響を与える化学物質の存在、エサの有無といった情報が細胞内部に伝わらなければ、環境に合わせて活動することはできません。

とはいえ、最初に生まれた原始的な生命体は、そこまで高機能の細胞膜を持っていなかったでしょう。まずは内と外の仕切りとしての役割を果たしたのだと考えられます。もしそうだとすると、仮に周囲に水がない場所で生命体が誕生した場合、その仕切りは必要でしょうか。

たとえば土星の衛星タイタンには、液体のメタンやエタンを湛(たた)えた湖があるといわれています。そういう場所で、地球と同じ「水っぽい生命体」が誕生したとしたら、油性の膜

土星の衛星タイタンには、メタンおよびエタンの川や湖が存在することが、
探査機「カッシーニ」により確認されている(写真の暗い部分)。タイタンは1655年、
クリスティアーン・ホイヘンスにより発見された土星の第6衛星である。

は不要かもしれません。液体のメタンやエタンは油のようなものなので、その中に〝水っぽい〟生命体があるとしたら、それは「ウォーター・イン・オイル」ですね。もしそうなら、膜で包まなくても、拡散せずに水滴のような細胞ができる。そう考えると、細胞膜の存在は必ずしも生命体の必須条件とはいえなくなります。

しかし、その場合はきわめて単純な生命体にしかならないでしょう。物質の出し入れや環境情報の察知を行うためには、やはり機能性を持つ膜が必要です。

また、ウォーター・イン・オイルの生物は、ウォーター・イン・ウォーターの生物よりも膜の構造がシンプルになるかもしれません。地球上の生物の細胞膜は、脂質の膜が二枚貼り合わさったような脂質二重層となっています。脂質の膜は一枚だと水性（親水性）の面と油性（疎水性）の面がありますが、二重膜になると内側で油性の面が向かい合い、水性の面が両外側にきます。

しかし、ウォーター・イン・オイルの場合、水性の面がウォーター側に、油性の面がオイル側に向く脂質の膜が一枚あれば、それだけで事足りるはずです。

いずれにしろ、それが生命体の条件かどうかは別にして、生物が誕生して進化していけば、どんな環境であれ、いずれ必ず細胞膜はできると思います。そのほうが、代謝する渦としては生き延びやすいからです。拡散した状態で物質やエネルギーを出し入れするのは、やはり効率が悪いでしょう。外から取り入れたものを溜め込んでおく「袋」があったほうが、何かと都合がいいのです。

## 「人工生命」は作れるのか

ここまで、「代謝」「増殖」「細胞膜」という生命の三つの特徴についてお話ししてきました。四つめの「進化」に関しては次の章で説明しますが、これまでの話から、「生命とは何か」という問題に答えるのがいかに難しいか、わかってもらえたのではないでしょうか。既存の生命体には三つの特徴が揃っていますが、この宇宙には（地球上も含めて）いくつかの特徴に欠ける生物がいるかもしれません。生命体と呼べる最低限の条件を理論的に定義するのは、容易ではないのです。

そこで、別のやり方によって「生命とは何か」を考える研究者も出てきました。自然界に存在する生物を観察するのではなく、自ら生命体を作ることによって、その本質を見極めようというアプローチです。人工的に作り出すことができれば、「最低限これがあれば生命体になる」ということがわかるのです。

もちろん、前章で紹介したユーリー＝ミラーの実験を見てもわかるとおり、三八億年前の生命誕生を再現するのはきわめて困難です。そもそも、どのように地球の生物ができあがったのかもわかっていません。

では、どうやって生命体を作るのか。その研究にもいろいろな方法がありますが、ここでは、いまの時点でもっとも人工生命の実現に近づいている科学者を紹介しましょう。クレイグ・ヴェンターというアメリカの分子生物学者です。

人工生命といっても、まったくのゼロベースから生き物をこしらえるわけではありません。ヴェンターが試みているのは、いわば「ゲノム移植」です。ゲノムとは、ある生物が持つ遺伝情報の総体のこと。それを実験室で作ることができれば、ある種の人工生命と呼ぶことができます。また、「最低限どれだけの遺伝情報があれば生命体になるのか」もわかるはずです。

ヴェンターはまず「マイコプラズマ・カプリコルム」という世界最小クラスの単細胞微生物からゲノムを取り出し、別の微生物から取り出したゲノムを移植しました。コンピュータにたとえるなら、ゲノムはプログラム、その受け皿になる細胞はOS（オペレーティング・システム＝コンピューターの基本ソフト）のようなもの。だとすれば、ヴェンタ

ｌの実験はＭａｃ用のプログラムをＷｉｎｄｏｗｓマシンに入れた、あるいは、ｉＰｈｏｎｅ用のアプリをＡｎｄｒｏｉｄスマートフォンに入れたようなものですから、ちゃんと動くかどうかはやってみなければわかりません。

結果的に、この合成生物は生命体として動きました。ゲノムを抜き取られたマイコプラズマ・カプリコルムは、細胞膜はありますが代謝も増殖もしないので、生命体と呼ぶことはできません。しかし、そこにほかの微生物のゲノムを入れると生物になる。Ｍａｃ用の

**クレイグ・ヴェンター**（1946年～）
アメリカの分子生物学者、実業家。
ゲノム研究とその産業利用の分野で
精力的に活動する。2010年5月、
ヴェンター率いる科学者グループは、
自己増殖をする「人工細菌」を
作ることに成功した。

プログラムをＷｉｎｄｏｗｓマシンに入れた場合と同様、「一応は動くけど動作がちょっとおかしい」という部分はありましたが、そこでは代謝も増殖も起こりました。生命活動は、やはりゲノム（プログラム）に支配されているわけです。

とはいえ、この実験ではプログラムもアプリもＯＳも自然界に存在するものを流用したわけですから、できあがったものは「一〇〇パーセント人工の生命」とは呼べません。ほかの動物の心臓を人間に移植したり、試験管の中で受精卵を作ったりするのと同じようなことです。

## 人工的に合成したＤＮＡで細胞が動いた

そこでヴェンターは、次の実験に取り組みました。

マイコプラズマ・カプリコルムからゲノムを抜き取るのは、前回と変わりません。違うのは、そこに移植するゲノムをヴェンターが自分で作ったことです。

ゲノム（ＤＮＡ）を人間の手で作ったなどと聞くと、驚く人もいるでしょう。「危険な生物ができあがる恐れはないのか」と心配する向きもあると思います。

しかしヴェンターは、まったくオリジナルな合成ＤＮＡを作ったわけではありません。

ある微生物（マイコプラズマ・ミコイデス）のゲノムをお手本にして、それを真似ただけでした。ちょっとだけお手本に変更を加えましたが、そのせいでモンスターのような生物が生まれるわけではありません。基本的には、お手本にした生物と同じようなものになりました。

もちろん、お手本があるとはいえ、ＤＮＡを合成するのは誰にでもできることではありません。三一億塩基対もあるヒトゲノムとは違い、お手本にした微生物のゲノムは一〇〇万塩基対ときわめて少ないものの、それだけの長さを持つＤＮＡ分子を合成するのは相当な力業(ちからわざ)でした。そういう力業ではヴェンターの右に出る者はいません。その証拠に、彼にはきわめて大きな実績があります。

一九九〇年から二〇〇三年にかけて実施された「ヒトゲノム計画」のことは、ニュースを通じて見聞きしたことのある人が多いでしょう。三一億もある人間のゲノムの文字列をすべて解読しようというプロジェクトです。欧州諸国、アメリカ、日本などが国家的事業として共同で取り組みましたが、当初は終わるまでに一五年かかるといわれました。その後テクノロジーの進歩があったおかげで一五年はかからず、二〇〇三年にヒトゲノムは解読されました。

しかし、その解読に成功したのはヒトゲノム計画のチームだけではありません。この国際的なプロジェクトに、立ち向かった人物がいました。それが、クレイグ・ヴェンターです。誰もが「そんなことは無理だ」と思いましたが、彼の研究チームは、世界中が束になって作業を終えたのと同じ年に、ヒトゲノムの解読をやり遂げたのです。

一〇〇万もの文字列を持つゲノムを人工的に合成するのは、そんなヴェンターだからこそ可能なことだったのです。二〇一〇年、その合成ＤＮＡを移植された細胞は、みごとに生命活動を始めました。人間が作ったのはＤＮＡだけという条件つきではありますが、これはひとつの人工生命と呼んでかまわないでしょう。実に記念碑的な仕事でした。

## ＤＮＡと細胞質の関係性

でも、これだけでは「生命とは何か」の答えにはなりません。今後は、移植するゲノムをどこまで削れるかが焦点になっていきます。今回は実在の生物をお手本にしたので一〇〇万塩基対でしたが、それをたとえば半分ぐらいまで減らせるかどうか。

人間のような高等生物の場合は使われていないＤＮＡ情報もたくさんありますが、微生物の場合は持っているＤＮＡ情報をほとんど使っているので、減らせばいろいろな不都合が生じてきます。しかし、それでも何とかギリギリの生命活動はできるかもしれません。そして、三八億年前に誕生した最初の生物は、おそらく不完全ながらも「ギリギリの生命活動」をしていたはずです。

もし五〇万字の合成DNAで生命活動が見られれば、次はその順列組み合わせを考えることになります。DNAはアデニン(A)、グアニン(G)、シトシン(C)、チミン(T)という四種類の塩基(文字)から成っているので、五〇万字の文字列をランダムに作った場合、それは四の五〇万乗通り——一〇の累乗に換算すると、一〇の三〇万乗通りという途方もない数になります。この宇宙にある原子の総数が一〇の八〇乗個ですから、宇宙のすべての原子の数よりもけた違いに多い組み合わせです。

でも、クレイグ・ヴェンターなら、何かすごいアイデアで不可能を可能にしてくれるのではないかと期待してしまいます。そして、何とかして作った五〇万字の合成DNAを片っ端から細胞に放り込み、生命活動をする細胞としない細胞に仕分けをすれば、話はそれで終わり、「生命の秘密が記された文字列」が明らかになってしまいます。

つまり、生命活動があったDNA文字列の共通点を分析すれば、「これが生命の最低条件だ」ということがわかるでしょう。実際には非常に大変な作業ですから、ヴェンターがそれをやり遂げるかどうかわかりませんが、彼はそんな野望を抱いているだろうと私は推察しています。

いずれにしろ、生物のゲノム（ＤＮＡ）に関しては、今世紀中にかなり理解が深まることでしょう。生命を動かす最低限のプログラム（文字列）が何なのかが解明されるのは、時間の問題だと思います。

しかし、生物はプログラムだけでできているわけではありません。コンピューターでいえば、プログラムを動かすためのＯＳが必要です。それは、生物でいえば「細胞」ないし「細胞質」に相当します。実は、ヴェンターの人工生命も、ＤＮＡを移植する細胞のほうは自然界にすでにあるものを利用しています。しかもＯＳのほうは、まだ人間の手で作ることができていません。

また、ある微生物の細胞に入れて生命活動をさせた合成ＤＮＡが、別の微生物でも同じように動くかどうかという問題もあります。実際には、そうはならないケースがあるかもしれません。

ゲノム（ＤＮＡ）はしばしば「生命の設計図」といわれますが、私にはむしろシンフォニーの楽譜のように見えます。世の中にはいろいろ異なるオーケストラがありますが、同じ楽譜を配れば、(テンポや強弱などの微妙な解釈には違いがあるにしても)同じ曲が演奏されるでしょう。ところが細胞の場合、同じ楽譜でも細胞が異なると読む順番を変えてしまい、曲が成り立たなくなる可能性がある。必ずプログラムどおりに動いてくれるわけではないのです。

生物は多様ですが、その細胞の基本設計に、MacとWindowsのような大きな違いはありません。どの生物も、共通のOSで動いていると考えられます。しかし同じDNAで動いたり動かなかったりするとすれば、そこには微妙な違いがあるかもしれません。

そうなると、私たち生物学者は新たな難題を抱えることになります。これまで生命活動はDNAに支配されていると思っていたのに、実は細胞質のほうに支配されている部分もあることになるからです。そこが解明されないかぎり、「生命とは何か」の答えは出せません。二一世紀から二二世紀にかけて、生物学の世界では、ゲノムと細胞質の関係性を探ることが大きなテーマになると思います。

第三章

# 進化の歴史を旅する

## 進化は「結果」であって「目的」ではない

ここまで見てきたように、生命という現象は謎だらけです。厳密な定義ができない上に、いつ、どこで、どうやって生まれたのかもわからない。しかし現に「生命体」としか呼べないものが地球上に生まれ、長い時間をかけて多様な形に進化を遂げてきました。

もちろん、自らを「ホモ・サピエンス（＝賢いヒト）」と名づけた私たちも、その一員です。この高度な知能を持つ生命体が登場しなければ、生物という謎めいた存在に気づく者もいなかったでしょう。宇宙のどこかから知的生命体が地球にやって来れば話は別ですが、目に見えないほど小さな単細胞生物が、私たちのような知性を持つ生物にまで進化しなければ、「生命とは何か」という問題そのものも存在しませんでした。そう考えると、まるで生命が自分のことを知るために進化したようにも思えてきます。

しかし、生物の進化とはそういうものではありません。

人類というゴールに向けて徐々に進化してきたと思っている人も多いのですが、これは単なる偶然の積み重ねです。あらかじめ何か目的があり、それに向けて必然的に形や機能を変えてきたわけではありません。したがって、五〇億年かけようが、一〇〇億年かけようが、「生命とは何かを考える生命体」が生まれなかった可能性もありました。現在の多様な生命体は、「目的」ではなく「結果」にすぎないのです。

いきなりそういわれても、抽象的すぎてわからないかもしれませんので、もう少し詳しく生命の四つめの特徴である進化について説明してみましょう。

かつては、生物の進化には目的があり、それに向かって必然的に生じたとする考え方がありました。その代表が、一八世紀から一九世紀にかけて活躍したフランスの博物学者ジャン=バティスト・ラマルクの提唱した進化論です。

ラマルクは、単純な生物が時間を経ることで、より複雑で完全な生物に進化すると考えました。あらかじめ「完全なもの」を進化のゴールとして想定し、その方向性が定まっているとするのは、目的論的な発想です。

では、生物はその目的に向かってどのように姿形を変えていくのか。

それについてのラマルクの考え方は、「用不用説」と呼ばれています。簡単にいえば、その動物が生活の中でよく使う器官は次第に発達し、あまり使わない器官は次第に衰えるということ。これは、私たちの日常にもよくあることです。病気で寝たきりの生活を長く続けていれば足腰が衰えますし、仕事やスポーツでよく使う筋肉は強くなります。漫画家の指先にペンダコができるのも、ある意味で「発達」と呼べるかもしれません。毎日のようにプールで練習している水泳選手の中には、指と指のあいだに「水かき」のようなものができたという風聞もありました。

## 獲得形質は遺伝しない

ですから、「用不用」によって生物の体が変わるのは、決して特別なことではありません。ラマルクの進化論のポイントは、その先にありました。

**ジャン=バティスト・ラマルク**
（1744〜1829年）
フランスの博物学者。
「生物は進化する」という概念を
ダーウィンより半世紀も早く主張した人物。
生物の獲得形質は
継承されるという進化論を提唱した。

彼は、その用不用によって生じた個体の変化が、子孫にも受け継がれると考えました。ある世代が生涯を通じて獲得した形質が遺伝し、何世代にもわたって積み重ねられることで、最終的には大きな変化が生まれると考えたのです。

たとえば、キリンの首。それがほかの哺乳類と比べて長いのは、ラマルクにいわせると、キリンの祖先が高い木の枝にある葉を食べるために首を伸ばしていたからだ、ということになります。そのため、その祖先の首は少しだけ伸びた。この形質が子供に遺伝し、その子供も高い木の枝の葉を食べるために首を伸ばして、さらに首が伸びる……これを何百世代にもわたってくり返しているうちに、現在のような「完全なキリン」ができあがったというわけです。これは、多くの人にとって納得しやすい話でしょう。小さな子供に「キリンの首はなぜ長いの？」と質問されたときに、「高いところにある葉っぱを食べるためだよ」と答える人は少なくありません。まず目的があって、それを実現するために動物が進化するというイメージを抱いている人が多いのです。

でも、よく考えてみてください。親が獲得した形質は、本当に子に遺伝するのでしょうか。そうだとすると、漫画家の子供は生まれたときから指に小さなペンダコがあることになるし、何世代にもわたって水泳選手を続ければ、最初から水かきのある子供が生まれるかもしれません。

実際、ラマルクの進化論は主にその点で批判を受けました。ネズミの尻尾を二二世代にわたって切り続け、その長さが短くならないことを示した研究者もいました。ラマルクは「怪我は獲得形質に含まれない」と説明していますが、これはあまり説得力がありません。後天的に衰えたものが遺伝するなら、怪我で失ったものも遺伝するはずです。

ともあれ現在では、遺伝子の研究が進んだことによって、ある個体が後天的に獲得した形質は子に遺伝しないことが明らかになりました。個体の形が変わっても、遺伝情報を子孫に伝えるＤＮＡは変化しないのですから、それも当然でしょう。したがって、「よく使う器官が発達し、使わない器官が衰える」というラマルクの進化論は、根本的に成り立たないのです。

## ダーウィン進化は一個体の突然変異から始まる

現在でも、ラマルクの用不用説に基づく進化論を唱える人がいないわけではありません。なにしろ過去に起きた生物進化はどうやっても実証することができないので、そこではさまざまな仮説が乱れ飛ぶのです。

しかし正統的な生物学界では、ラマルク説は完全に否定されていると思っていいでしょう。現在の生物学者が進化といえば、それはチャールズ・ダーウィンの進化論に基づくものです。ダーウィンが一八五九年に刊行した『種の起源』で示した生物進化の基本的なプロセスは、現在でも否定されていません。ダーウィン以後、遺伝学や分子生物学などが発達したので、その内容はより深まっていますが、根本的な考え方は同じです。ダーウィンの考え方に基づく現代の進化論は、「ネオ・ダーウィニズム」と呼ばれています。

それによれば、キリンの首が長くなったのは、ある個体が生まれた後に長い首を獲得したからではありません。DNAの突然変異によって、最初から少し首の長い個体が生まれたのが始まりです。いわば遺伝子のミスコピーが起きたわけですが、これは、いつ、どこで起きるかわかりません。まったくの偶然で、親とは少し違う形質を持つ個体が生まれてくるのです。

突然変異は一種の「奇形」ですから、大半はあまりうまく生きられません。仲間より首の長いキリンの祖先も、周囲に低い木や草原しかなければ、かえって不利です。エサを食べるのに苦労するので、生存競争に負ける可能性のほうが高いでしょう。その場合、その個体は子孫を残すことができず、したがってキリンの祖先にもなれません。

**チャールズ・ダーウィン**
（1809〜1882年）

イギリスの博物学者。
進化論を提唱したことで知られる。
1831年から5年にわたり
ビーグル号に乗船し、
世界一周の調査航海に参加。
1858年にアルフレッド・
ラッセル・ウォレスと
連名で進化論について発表し、
翌年『種の起源』を刊行した。

『種の起源』の初版本。
進化論のもっとも重要な古典で、
生物は自然淘汰（とうた）によって
適者が生存し、それが蓄積されて
進化すると唱えた。

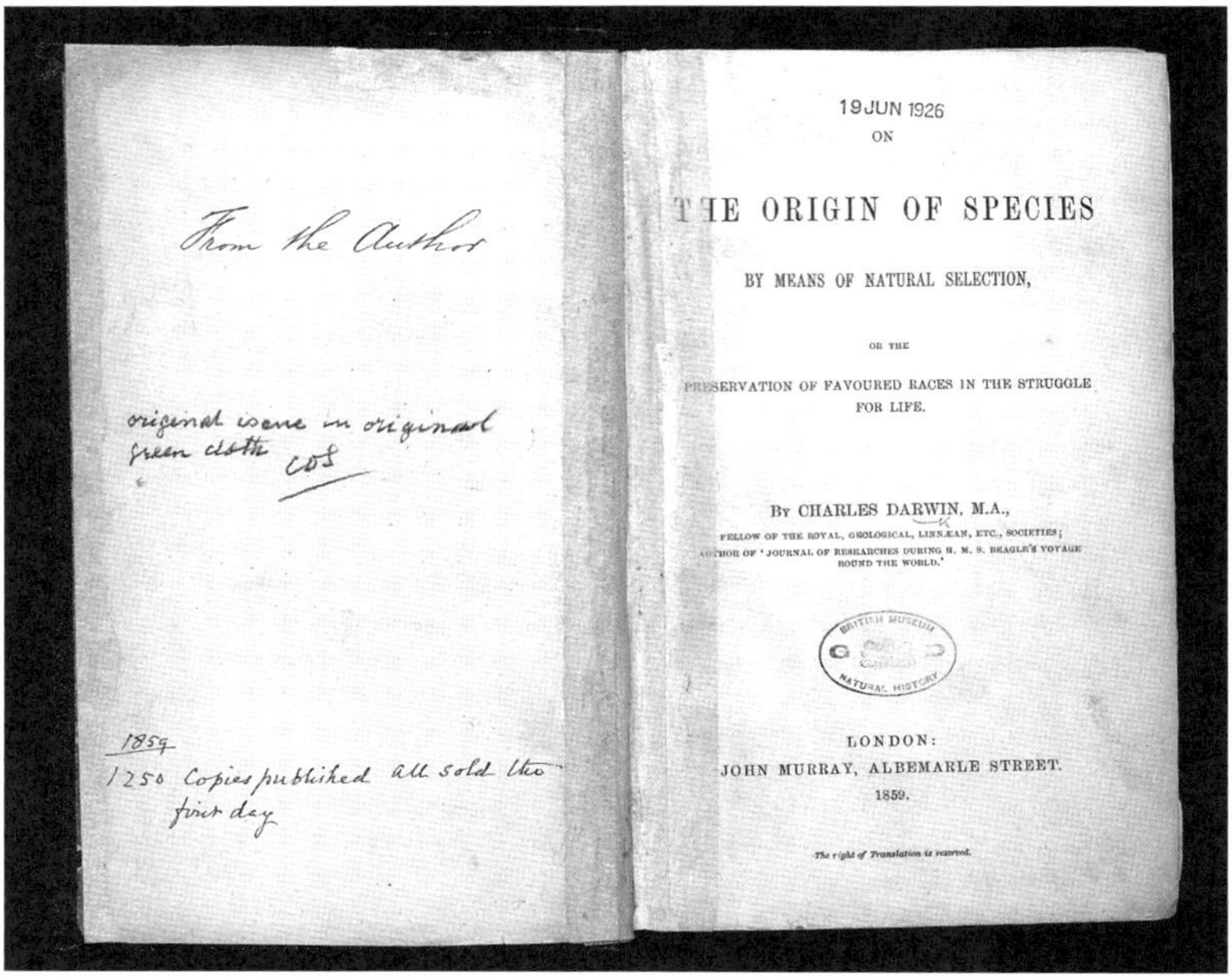

From the Author

original issue in original green cloth COS

1859
1250 Copies published all sold the first day

19 JUN 1926

ON

THE ORIGIN OF SPECIES

BY MEANS OF NATURAL SELECTION,

OR THE

PRESERVATION OF FAVOURED RACES IN THE STRUGGLE FOR LIFE.

BY CHARLES DARWIN, M.A.,

FELLOW OF THE ROYAL, GEOLOGICAL, LINNÆAN, ETC., SOCIETIES;
AUTHOR OF 'JOURNAL OF RESEARCHES DURING H. M. S. BEAGLE'S VOYAGE ROUND THE WORLD.'



LONDON:
JOHN MURRAY, ALBEMARLE STREET.
1859.

The right of Translation is reserved.

しかし、生活環境が変化して高い木が多くなれば、首が長いほうが生き残りやすくなります。ＤＮＡの突然変異は一定の確率でランダムに起こりますから、たまたまそういう環境で「首の長い哺乳類」が生まれることもある。その場合は、首の短い個体より長い個体のほうが子孫を多く残すでしょう。

もし、その「家系」は首の骨が伸び続けるように突然変異したとすると、代を重ねるごとに少しずつ首が伸びていきます。その結果、現在のようなキリンになった——それがダーウィン進化の基本的なシナリオです（※ここで説明に使った首の骨が伸び続けるような突然変異体の例は、私の空想によるものです）。

最初に突然変異を起こした個体は、同種の異性との交配がまだできるくらいにしか変化していなければ、交配によって子を作ることができます。やがて同じ特徴を持つ子孫の個体同士でつがいを作るようになっていくかもしれません。そうして代を重ねていくと、次第に元の種の集団との違いが大きくなり、やがて交配ができなくなっていきます。そうなった時点で、「新種」として独立したと考えるわけです。

環境に適応した新種が、古い種との生存競争に勝って生き残ったと勘違いしている人もいますが、進化はあくまでも個体間競争や小さな集団の隔離などの結果です。突然変異によって新しい種がいきなり出現するわけではありません。進化は、突然変異を起こしたひとつの個体から始まり、それが自然環境の中で生き残りやすい性質を持っていれば、やがて独立するであろう新種の祖先になるのです。

植物の場合、異なる種の群落同士で縄張り争いをすることもあるので、そこではある意味「種間競争」が起きているともいえるでしょう。しかし、群落を作れるほどまではびこるようになったその種も、最初は突然変異を起こしたひとつの個体から始まりました。その祖先が個体間競争に勝ったり、隔離されても何とかはびこったりして子孫を増やしたから、ほかの種と縄張り争いができるまでになったのです。

## 身体的特徴をうまく生かした個体が、新種の祖先になった

ここまでの話で、いかに生物の進化が偶然に左右されているかわかってもらえたと思います。突然変異はランダムに起こる偶然ですから、目的も方向性もありません。そこに何らかの方向性を与えるのは、環境です。与えられた環境の中で生存競争が行われ、より良く生き残ったものだけが繁栄する。何が生き延びるかは、その時々で違ってくるのです。

たとえば雪の多い時代や土地であれば、色が白い個体のほうが敵に見つかりにくいので、

黒い個体より生き残りやすいかもしれません。環境が変われば、それが逆転することもあるでしょう。その時々の環境に選ばれた者が、生き残り繁栄する、それだけの話です。

現在の多様な生物も、そうやって結果的に生き残ってきました。もちろん、私たちホモ・サピエンスも同じです。

ただし私は、生き残った突然変異体が「たまたま運が良かっただけ」だとは思いません。たとえばキリンの祖先となった個体が、周囲の仲間と同じように地面の草を食べようとしていたら、草をめぐる競争に負けて、生き残れなかったでしょう。しかし、高いところにも食べ物があることに気づき、自分の身体的特徴を生かしてそれを独り占めにすれば、禍（わざわい）を転じて福となすことができます。そうやって、持って生まれた体をうまく使う生き方を開拓した個体が、新種の祖先になれる。あらゆる種の祖先は、クヨクヨせずにポジティブ・シンキングで現状を乗り切った個体だと考えることもできるのです。

たとえばカメの甲羅は、もともとはあばら骨でした。その祖先となった個体は、突然変異であばら骨が背中側にできてしまったのでしょう。まだちゃんとした甲羅にはなっていないので、そこに隠れることもできない。これは、非常に生きにくかったはずです。しかしその個体は、自分の身体的特徴をうまく使う生き方を模索したに違いありません。だからこそ、子孫を残すことができたのです。突然変異そのものは単なる偶然ですし、それを活かせる環境があるかどうかも運次第ではありますが、ある意味「カメは努力してカメになった」といえないこともないのです。

## 生物のデザインには遊びがある

ただ、カメの甲羅は結果的に生き残りに役立つ形質になりましたが、生物の形質がすべて進化上の意味を持っているわけではありません。とくに何かの役に立つわけではない突然変異でも、環境による淘汰（とうた）の圧力を受けなければ（つまり、その形質が生き残るのに邪魔にさえならなければ）、そのまま残ります。「キリンの首はなぜ長いの？」という質問には答えられますが、生物の形質の中には「たまたまそうなったから」としか答えようのないものもたくさんあるのです。

たとえば人間の指は基本的に五本ですが、そこにはとくに合理的な理由などないでしょう。たまたま五本になっただけで、六本や七本でも困らなかったと思います。実際、最初に海から陸に上がったときの生物には、指らしきものが八本あるものもいました。それが、徐々に減っていったのです。

もっとわかりやすい例は、カブトムシの角でしょう。世界中にさまざまな形の角を持つカブトムシがいますが、その中のどれかが生き残りやすいということはありません。カブトムシとしての条件さえ整っていれば、角の形はどれでもいい。たまたま突然変異でいろいろな角のカブトムシが生まれ、そこには環境圧力がかからなかったので、どれも生き残っただけの話です（もちろん、たとえば移動が困難なほど巨大な角など、生きるのに邪魔になる形質の個体は淘汰されたでしょう）。

こうした形質は、進化のプロセスにおける「遊び」の部分だといえます。たとえば自動車なら、四角い車体にタイヤが四つあり、中にはエンジンやハンドルがあるといった基本形は、どのメーカーでも変わりません。しかしそれ以外の細かい部分――ヘッドライトの形やシートの色や材質など――は、自動車としての本質にあまり関係がないので、車種やメーカーによってかなり多様性がある。デザイン的に遊べるのです。

生物の場合も、デザイン的な遊びを入れる余地がなく、多くの種に共通する基本形はあります。生きている環境が同じなら、体型が似てくるのは当然の成り行きで、これは「収斂進化」と呼ばれています。たとえば哺乳類であるイルカの体型が魚類と似ているのも、収斂進化の結果のひとつです。

現在の地球に存在する生物の形には多様性がありますが、それぞれの種が似ても似つかぬ姿をしているわけではありません。魚類が流線型をしている以外にも、昆虫は脚が六本で体節が三つ、哺乳類は肢が四本など、ほとんどの生物は同じ種の中で、ほかの生物に似たところを持っています。突然変異は生物の多様性を拡大しますが、環境圧力にはその多様性を絞り込む役割があるといえるでしょう。生物の進化には、その両面があるのです。

## 偶然の突然変異とは思えない擬態の不思議

突然変異と、環境からの圧力――この単純な仕掛けによって、地球上の生物は多彩な進化を遂げてきました。目に見えないサイズの単細胞生物が、偶然の積み重ねによって、私たち人間のように複雑な仕組みを持つ生物になっていったのです。

しかし生物の持つさまざまな形質の中には、とても偶然とは思えないものも少なくありません。その代表が、「擬態」でしょう。たまたま、ほかの生物とそっくりな姿形を身につけたことで、外敵の目を欺けるようになった生物はたくさんいます。

ちなみに、これを「外敵の目を欺くためにほかの生物とそっくりな姿形を身につけた」というと目的論的になってしまうので、あえて「たまたま、そうなった」という表現にし

擬態により天敵から身を守るオオコノハムシのメス。

ました。兵士が迷彩服を着るのは明確な目的意識がありますが、生物の進化には誰の意思も関わっていません。生物の迷彩は、あくまでも結果なのです。

でも実際の擬態を見ると、「あれに似せよう」と目的を持ってデザインされたようにしか思えません。たとえば、オオコノハムシ。その名のとおり、木の葉そっくりな外見をした昆虫です。その葉っぱっぽい色はもちろん、「葉脈」のような構造まで実によくできている。ほかにも、コノハチョウやリーフフィッシュなど、木の葉(枯れ葉)に擬態した生物はいます。果たして、偶然の突然変異だけで、あそこまで精巧に似せられるものでしょうか。

これについてはさまざまな議論がありますが、

まだ明確な説明はなされていません。ダーウィンの進化論に異を唱える人々がしばしば持ち出す反論材料でもあり、生物学者にとっては頭の痛い問題のひとつといっていいでしょう。

そこで私がひとつの可能性として考えているのは、生物の形を決める上で、力学的な原理が働いているのではないかということです。詳しくは拙著『形態の生命誌』(新潮選書)に書いたので、興味のある方はそちらを読んでいただきたいのですが、生物の形の中には、たとえばオウムガイのようならせん形や木の枝の広がり方など、数学的に表現できるものがあります。つまり、その形を作るルールを数式にすることができる。これは、そこに何らかの力学的な原理が働いていることを意味しています。

だとすれば、その原理を複数の生物種が共有することはあり得るでしょう。植物と昆虫では体を作る材質が違いますが(かたやセルロース、かたやタンパク質)、木の葉の葉脈を作るのと同じ力学が働けば、昆虫の体がそれと同じ形になるのも決して不思議ではありません。目的意識がなくても、突然変異によって擬態が生まれる可能性はあるのです。

とはいえ、これはひとつの可能性であって、正解かどうかはわかりません。この擬態の問題も含めて、現代の進化論にはまだまだ不十分なところが残っています。

しかし大筋において、その考え方は間違っていないでしょう。生物のデザインは、決してベストな選択の積み重ねではありません。いろいろと試行錯誤を重ねた結果、たまたま生き残ったのが、いまの地球にいる生物です。理想的な生物を目指したわけではありませんし、そもそも理想の生命体などないでしょう。

自分たち人類を進化の頂点と考えると、地球上の生命体がそこに向かって徐々に改良を重ねて進歩してきたように思うかもしれません。でも、進化と進歩は違います。進化した生物が、それ以前の生物よりも優れているわけではない。単に、その時々の都合に合わせて変化しただけのことです。

ホモ・サピエンスはたしかにほかの生物にはない高度な知能を持っていますが、だからといって、生命体として最高の存在ではありません。三八億年にわたって、生物が偶然の進化を積み重ねてきたことの、ひとつの結果にすぎないのです。

## シアノバクテリアが引き起こした「大酸化イベント」

では、生物の進化に地球の環境はどんな影響を与えてきたのでしょうか。生命体が誕生して以降、地球は何度も大きな環境変動を起こしてきました。それは当然、生物の進化にも多大な影響をもたらします。環境変動がなければ、現在の生物はまったく異なる進化を遂げていたことでしょう。

生物に大きなインパクトを与えた最初の「事件」は、いまから二四億〜二二億年ほど前に起こりました。「大酸化イベント」と呼ばれる環境変動です。それまで地球上にほとんど存在しなかった酸素（$O_2$）の濃度が、一気に、あるいは段階的に、いずれにせよ急に高まった。すると当然、生物は生き方を大きく変えなければなりません。

現在の動物は酸素がないと生きられないので、そもそも「無酸素の地球」に生物が存在したことを意外に感じる人もいるでしょう。しかし現在の地球にも、酸素がないほうが繁殖する「嫌気性細菌」はたくさん存在します。また、植物は光合成によって二酸化炭素（$CO_2$）から栄養（たとえばデンプンなどの炭水化物）を作り、酸素を「ゴミ」として排出する。酸素の存在は、生物にとって不可欠な条件ではないのです。むしろ、酸素のない地球で繁栄していた生物にとって、酸素濃度の急上昇は毒ガスを撒(ま)かれたようなものだったでしょう。まさに大事件です。

その事件は、植物のように酸素を排出する生物が登場することによって起こりました。その生物とは、シアノバクテリアという細菌です。この細菌は、光エネルギーを使って二酸化炭素から炭水化物を合成し、そのプロセスで生じる酸素を排出ガスとして捨てました。つまり、おそらくは地球上で初めて酸素発生型の光合成を行ったのです。

ただし、二酸化炭素という無機物から炭水化物という有機物を作り、それを自らの栄養とする生物は、シアノバクテリアが最初ではありません。光合成のプロセスのうち、二酸化炭素を使って栄養を作り出すのは光以外のエネルギーでもできるので「暗反応」と呼ばれますが、これはシアノバクテリア以前の生物も行っていました。

生物は「有機物を食べる」ことで物質代謝を行いますが、周囲の環境に十分な有機物がなければ、あるいは餌生物(じせいぶつ)がいなければ無機物から自分で栄養を作らなければなりません。これを「独立栄養」といいます。初期に誕生した生物の中には、この独立栄養で代謝を行うものが多かったのです。

その独立栄養を作るのが、暗反応です。暗反応の本質は、無機物である二酸化炭素（$CO_2$）に水素（H）をベタベタと貼り付けること。栄養の中心は炭水化物（超簡略化した化学式ではC（$H_2O$））ですが、これは炭素（C）と水（$H_2O$）がくっついているから「炭水」と呼ばれるわけです。

シアノバクテリアが登場する以前の地球の大気（二次大気）には大量の$CO_2$がありま

した。ですから、「C」はいくらでも供給されます。では、「H」は何から手に入れたか。水は「$H_2O$」ですから海にはたくさん「H」がありますが、これを水から分解して獲得するには光のエネルギーが必要です。しかし初期の生物が海底火山の周辺で生まれたとすれば、そこには太陽の光が届かない。いくら水があっても、そこから有機物を合成することはできません。

そこで暗反応のエネルギー源に使われたと思われるのが、火山ガスに大量に含まれる硫化水素（$H_2S$）です。これなら海底にも大量にあるので、材料には困りません。火山の化学エネルギーを使って「$H_2S$」から「H」を引きはがし、二酸化炭素の「C」に貼り付ければ、炭水化物を作ることができるのです。

ちなみに現在でも、光の届かない深海には、硫化水素から作った栄養で生きている生物がいます。水深二五〇〇メートルもの海底火山に多く生息する、チューブワームという異形の生物です。体長は一〜三メートル程度で、白い筒の先に赤い花のような器官がついていますが、これは植物ではありません。光のない深海に植物は存在しないので、チューブワームはれっきとした動物です。

ところがチューブワームは、ものを食べません。口、胃腸、肛門（こうもん）といった消化器官がな

深海の熱水噴出孔付近に生息する、環形動物のチューブワーム。
1977年にガラパゴス諸島沖の深海で発見された。

いのです。では、どうやって栄養を手に入れているのか。実はチューブワームの体内には、イオウ酸化細菌という微生物が生息しています。このバクテリアが硫化水素と二酸化炭素から炭水化物を暗反応で合成し、チューブワームに供給しているのです。

## 硫化水素ではなく、水を水素の供給源に

太古の深海でも、多くの微生物が暗反応によって栄養を得ていました。そこから、なぜ太陽の光を利用する生物が出てきたのか。ひとつ考えられるのは、赤外線センサーとして機能していた分子が光を捕獲する分子に変化した可能性です。

深海には太陽の可視光線が届きませんが、熱水を噴出する海底火山からは赤外線が出ています。硫化水素を使う生物には、それを察知する分子が備わっている。赤外線が出ているほうに行けば、暗反応のエネルギー源である火山ガスにありつけるわけです。可視光線も赤外線も（波長が違うだけで）同じ電磁波ですから、何かのきっかけで海の浅いところへ移動した個体は、そこに届く太陽光線の存在に気づいたかもしれません。そこで突然変異を起こした個体の中に、赤外線センサーだった分子が光捕獲分子に変身したものがいた。その分子が、光合成に不可欠なクロロフィル（葉緑素）の祖先型になったという可能性が考えられます。クロロフィルの原型になる分子は、そんなに複雑な構造ではありません。それこそ、ユーリー＝ミラーの実験でもできるような簡単な有機物が四つ集まり、その真ん中にマグネシウムが入れば、クロロフィルの原型です。

そういった進化のプロセスを経て、地球上で初めて水（$H_2O$）を水素（H）の供給源として利用する生物が出現しました。それが、シアノバクテリアです。酸素を作ったことで有名なシアノバクテリアですが、それは結果論にすぎません。この生物の最大の特徴は、硫化水素よりもはるかに大量に存在する水を分解して、それを水素（H）源にすることに成功した点です。

$H_2O$を光のエネルギーで分解し、Hを$CO_2$に貼り付ければ、Oが余ります。これは生体にとって、非常に厄介な存在です。いわゆる活性酸素が人体の細胞を傷つけ、病気や老化の原因となるのと同じように、単体のOも有害です。水と二酸化炭素から栄養を作ることに成功しても、このOをうまく処理する仕組みを作れなければ、その生物は生き残れなかったでしょう。その処理システムを獲得し、二つのOをくっつけて$O_2$を捨てることに成功したのが、シアノバクテリアだったと考えられています。

なにしろ水はいくらでもありますから、水を分解するシステムを身につけた生物は凄(すさ)まじい勢いで繁殖したはずです。その結果、地球上の酸素濃度は一気に高まりました。これは、生物が地球環境に与えた影響の中でも過去最大のものです。人類がいくら二酸化炭素を排出しても、シアノバクテリアの影響力にはかないません。この微生物が吐き出した酸素は、地球環境を一変させました。それ以降、生物を原因としない大きな環境変動は何度もありましたが、これは地球環境史上でも最大の画期だと思います。

## ミトコンドリアの登場と全球凍結

これだけ大きな環境変動は、生物の進化にも多大な影響を与えずにはいられません。酸素の量が増えたのであれば、それを利用できるような変異を起こした生物が生き残りやすくなる。そこで登場したのが、ミトコンドリアの祖先となる生物だと考えられています。

ミトコンドリアは「真核生物の細胞に含まれる細胞小器官」と説明され、私たち人間の細胞にも含まれていますが、もともとは独立した微生物でした。それが後に単細胞生物の中に入り込み、細胞の一部になったのです。

もし細胞の中にミトコンドリアがいなかったら、私たちは食べたものから十分にエネルギーを得ることができません。ミトコンドリアには、有機物から電子を引きはがして溜め込み、それによってエネルギーを産生する機能（いわゆる電子伝達系）があります。ダムに溜めた水を流してタービンを回す水力発電のように、溜め込んだ電子を流してエネルギーを生み出す。その流し終えた電子を処理するのに利用されるのが、酸素にほかなりません。だから、シアノバクテリアが地球環境を酸化した後になってから、ミトコンドリアが出現したと考えられているのです。

ここで初めて、「呼吸に酸素を利用する生物」が地球に現れました。しかしそれも、次の環境変動で苦境に立たされます。

シアノバクテリア登場以前の地球は、おそらく大気に現在より多くのメタンガスがありました。現在は人類の排出する二酸化炭素が地球の温暖化を促しているといわれていますが、メタンガスの温室効果は二酸化炭素の約二〇倍もあります。したがって、当時の地球はかなりの高温だったと考えられています。

しかしシアノバクテリアが大量に繁殖すると、排出された酸素が海から大気中にも漏れ出します。それによって、メタンガスが酸化して二酸化炭素になり、温室効果は二〇分の一に低減しました。

実はこれが、次の大きな環境変動の一因になりました。「全球凍結(スノーボールアース)」と呼ばれる大事件です(といっても、全球凍結が大酸化イベントの原因だった――つまり逆の因果関係を唱える説もあります)。

近年の研究で、地球はこれまでに少なくとも三度、全体が氷で覆われるほど激しい氷河期を経験したことがわかりました。最初の全球凍結は、二二億年ほど前のこと。大酸化イベントのタイミングとほぼ一致します。メタンガスの酸化による温室効果の低減だけでは全球凍結するほど温度が下がらないかもしれませんが、少なくともそれがきっかけのひとつになった可能性は十分にあるでしょう。急激な低温化でそれまで安定していた大気の循環システムが崩れたのかもしれません。

いずれにしろ、この全球凍結によって、海は厚い氷で覆われました。そうなると、太陽の光が遮られてしまうので、海中では光合成がやりにくくなるでしょう。つまり、酸素の量が減る。ミトコンドリアのような生物は、せっかく酸素を有効利用できるように進化したにもかかわらず、一転して繁殖しづらい環境になってしまったのです。

## ほかの生物を食べることで細胞核を持った真核生物

しかし嫌気性生物の天下も、全球凍結が終わるまでのことでした。なぜ全球凍結が終わったのかはまだわかっていませんが、地球の温度が再び上昇して海の氷が溶け出すと、それまで辛うじて生き延びていた酸素を使う生物の勢力が拡大していきます。

最初の全球凍結から、二度目の全球凍結（およそ七億年前）までのあいだに、地球の生物に二つの大きな飛躍が生じました。「真核生物」と「多細胞生物」の登場です。

真核生物とは、細胞の中に「細胞核」を持つ生物のことで、いまからおよそ二〇億年前に出現したと考えられています。細胞核には、遺伝情報であるＤＮＡが格納されています。細胞核を持たない生物は、「原核生物」といいます。原核生物は真正細菌と古細菌だけですから、少なくとも私たちが肉眼で見ることのできる動物や植物はすべて真核生物だと思っていいでしょう。

また、独立した微生物だったミトコンドリアが入り込んで細胞構造の一部となっているのも、真核生物の特徴です。植物の場合は、葉緑体も細胞内にありますが、これはもともとシアノバクテリアが細胞に入ったのが起源だと考えられています。全球凍結の前に登場した生物が、全球凍結が終わってからはほかの生物の中に入り込んで共生するようになったわけです。

おそらく細胞核も、原核生物がほかの原核生物を食べることによって内部に取り込まれたのでしょう。食べられた側が体内で生き続けるとＤＮＡが二個体分になりますが、食べた側のＤＮＡは不要になって消えたか、あるいは食べられた側のＤＮＡと一体化したのかもしれません。一方、食べられた側は「宿主」から栄養をもらえるので、もう代謝などしなくていい。そうすると、ひたすらＤＮＡを守る役割だけの核に特化できる。

真核生物の誕生は、突然変異だけでは説明できないほど大きな飛躍です。実際に何が起きたのかはわかっていませんが、ミトコンドリアやシアノバクテリアが共生を始めたことから推察すれば、ほかの生物を取り込む能力に長けた生物が登場したと考えるのが妥当だと思います。

その生物は、取り込んだものを消化せず、逆に内側から食い荒らされることもなく、うまく共存することができた。全球凍結で低くなった酸素濃度が再び高まっていく過程で、そういう生物が現れたのです。

## 酸素濃度の高まりがなければ、多細胞生物は生まれなかった

酸素濃度が高まったことと、真核生物の登場のあいだに、どんな因果関係があるのかはよくわかりません。しかし、もうひとつの飛躍である多細胞生物の誕生は、酸素濃度の高まりと深い関係があると考えられています。

多細胞生物の誕生は、真核生物誕生のおよそ八億年後、いまから一二億年ほど前のことでした。全球凍結後に蓄積されてきた酸素の濃度が、その頃にある点を突破したのでしょう。生物の中には酸素に弱いタイプもいるので、そうなると生き残れません。しかし、酸素に強い生物とくっついて、それに取り囲んでもらえば、酸素と接触せずに済みます。

ただし、そういう生き方を可能にするには、細胞と細胞をくっつける「糊(のり)」のような物質がなければいけません。結論からいいますと、その物質とはコラーゲンです。コラーゲンが酸素と反応すると、コラーゲンの繊維が絡まって、糊のように細胞と細胞をくっつけ

られるようになります。植物の細胞はコラーゲンとは別の物質（リグニン）でくっついていますが、こちらも酸素がなければ機能しません。

したがって、酸素濃度の高まりは、二つの点で多細胞生物の誕生を促すものでした。酸素に弱い生物にとって、環境の変化は迷惑なものでしたが、その変化のおかげで周囲に強い細胞をくっつけて多細胞化し、身を守ることができるようになったわけです。

こうして多細胞生物が生まれなければ、生物の世界は現在のように多様なものにはなりませんでした。その意味でも、シアノバクテリアの引き起こした大酸化イベントは生物史に絶大なインパクトを与えたといえるのです。

多細胞生物の登場によって、細胞は「分業」を始めました。単細胞生物はひとつの細胞ですべての生命活動を行いますが、多細胞生物は違います。

酸素を避けて内側に入った細胞は、あまり激しく活動する必要がありません。ほかの細胞に囲まれているとはいえ、まったく酸素に触れないわけではないので、劣化を防ぐにはなるべくじっとしていたほうがいい。一方、周囲を取り囲んだ細胞は活発に動いて酸素にさらされながら、呼吸によってエネルギーを生み出します。

この結果、内側の細胞は（ほかの生物に入り込んだ細胞核のように）ＤＮＡを守って子孫に伝えることだけに専念し、周囲の細胞は自らを劣化させながらも内側の細胞を守るような仕組みができあがりました。ここで内側に入った細胞が、卵子の原型になったのでしょう。「生殖細胞」と「体細胞」という分業体制の始まりです。

また、多細胞になることで生物は体のサイズを大きくできるようになりました。そうなると、活発な運動が可能になりますし、体のデザインも複雑化します。酸素の豊富な環境は生物にとって基本的には住みにくいのですが、それをうまく利用して莫大なエネルギーを得られるようになると、余剰エネルギーによっていろいろな進化が可能になるのです。

宇宙全体から見ると、地球のように酸素が豊富な環境はあまり多くないでしょう。地球の表面は、たまたま光合成によって酸素濃度が高くなったので、多様で活発な生命活動が見られるようになりました。しかし海底の下など酸素の少ないところには、嫌気性のバクテリアがたくさん存在しています。バイオマス（生物の総量）を比較すれば、そちらのほうが多いくらいです。生命の世界では、相変わらず地味でシンプルな単細胞生物が多数派なのです。

ですから宇宙で生命体を探す場合も、地球のように大きくて活発な生物が見つかる可能性は低いと思います。酸素というエネルギー源のない環境で、生命体がそんなに多様な進化を遂げるとは考えにくいからです。

ただしこの宇宙は、これから一〇〇億年ぐらいのスパンで見ると、水素が減ってほかの元素が増える傾向にあります。生命体の材料である炭素も、エネルギー源として使える酸素も増えていくでしょうから、宇宙は今後、生物量や生命活動量が高まる方向にあると考えていい。とくに脳は酸素を大量に消費する装置なので、人間のような知的生命体が誕生する可能性は、過去よりも未来のほうが高いのではないでしょうか。

第四章

# 何が生物の多様化をもたらしたのか

## 大型生物の登場

前章では、大酸化イベントが生物の生きる環境を激変させ、最初の全球凍結を経て多細胞生物が登場するところまでを解説しました。それ以降は、数億年間にわたって、目立った進化の形跡は認められません。次の大きな画期は、最後の全球凍結（約六億年前）です。

それ以前に多細胞生物は登場していましたが、ここでまた酸素不足に陥ったため、弱い個体や種は大量に死滅していきました。しかし全球凍結を乗り切って生き延びた生物もいます。全球凍結が終わって再び酸素の豊富な環境が戻ってきたとき、そこには新たな生命体を受け入れる広大な生息環境が広がっていたはずです。全体の生物量が減った分、さまざまな進化を許容するスペースがありました。また、多細胞生物が大型化したため、現在の私たちが肉眼で見ることのできる「化石」として残るようになったのも、この時代の大きな特徴です。

事実、この時代の生物と思われる大量の化石が、一九四六年にオーストラリアで発見されました。これらはアデレードの北にあるエディアカラの丘陵で見つかったので「エディアカラ生物群」と呼ばれています。

この化石に含まれるさまざまな生物は、直径数十センチとサイズは大きいものの、まだ硬い殻や骨格を持ってはいませんでした。やわらかい組織だけなので、本来なら化石になりにくいタイプの生物です。それが大量に化石になったのは、おそらく海底に生息していた生物たちが泥流などによって土砂の中に一瞬にして封じ込められたからだろうと考えられています。

エディアカラ生物群の形の上での特徴は、あるユニット構造のくり返しになっている点です。クラゲ状のものや、楕円形のパンケーキみたいなものなど形状はさまざまですが、同じパターンをいくつもつなげることで大型化している点は共通しています。ある時期に、ユニットのくり返しによって体の構造を作るような遺伝子が出現したのでしょう。それまでは小さな生物ばかりだったので、突然変異で体が大きくなった個体は捕食されにくい。動きも速くなるので、生き残りやすかったのでしょう。

また、大型の生物が登場したことは、環境にも影響を与えました。実は、それによって海がきれいになっていったのです。なぜそうなるのか、わかるでしょうか?

エディアカラ生物群のような生物が登場するまで、海の中には単細胞生物や小さな多細胞生物が大量に漂っていました。そのため、海は全体的に濁っていたと考えられます。しかし大型の生物が登場すると、それらはエサとして大量に消費される。消化されなかった分は、腸内で塊にされ固められ糞として排泄されるでしょう。これは重いので、海底に沈んで堆積されます。いわば、大型の生物が掃除機のように水中の「ゴミ」を吸い取り、固めて水底に捨てているようなもの。その結果、それまで濁っていた海が「晴れ上がっていった」のです。

また、それまでは大量の有機物が水中を漂っていたので、海に酸素があまり溜まりませんでした。微生物が死んでも、それは有機物の塊なので、分解に酸素を消費します。しかし大型生物がそれを糞にして捨てると、それまで酸素を消費していた有機物が海底に堆積して地層になります。こうなるともう酸素を消費しなくなるので、水中に酸素が増えていきます。エディアカラ生物群以降の海は、晴れ上がって光が深くまで入るようになったのに加えて、酸素も豊富になったのです。

## 「目」の進化には、それほど多くの年数はかからない

これが、さらなる進化を促したのはいうまでもありません。まず、濁った海では届かなかった光が通るようになったので、海底にも植物が繁殖するようになっていきます。広大

なスペースを利用して、さまざまな新種の植物が生まれたに違いありません。

しかし、ここで光が果たした役割は、より多くの場所で光合成をしやすくしたことだけではありません。光は、もっと大きな進化上の飛躍をもたらしました。晴れ上がった海の中では、「目で見る」ことが可能になったのです。

前述したとおり、初期の生物にも赤外線や可視光線を感知する分子や器官はあったでしょう。しかし濁った海の中では、周囲の状況を見て判断するほどの光は得られません。そのため、目は進化しませんでした。生物同士のあいだで「食う／食われる」の生存競争はありましたが、エサや外敵を目で見ていたわけではありません。水の動きや匂いなどで状況を察知し、捕食したり逃げたりしていたのだと思われます。

そこに、「光を見る目」を持つ生物が現れたら、どうなるでしょう。「目の見えない生物」ばかりのところに現れた「目の見える生物」は、圧倒的に有利です。もちろん最初に生じた目は、明暗を感知する程度の器官だったと思われます。しかしそれでも、エサとなる生物が自分の前を横切った瞬間に襲いかかることができます。高機能の目を持つ生物のほうが生き残りやすいのは、間違いありません。

ちなみに目という器官は、ダーウィンにとっても悩みの種でした。人間をはじめ、現在の生物が持っている目はあまりにも複雑で精巧にできているため、突然変異の積み重ねだけで作れるような気がしないからです。そのためダーウィンは『種の起源』の中でも、「目の進化だけは説明ができない」「私の進化論の弱点は目だ」というようなことを正直に書いています。

しかしいまでは、ダーウィン進化のプロセスで複雑な目ができるまでに、それほど多くの年数はかからないことがわかってきました。

たとえばホタテ貝の外套膜（がいとうまく）（通称ひもと呼ばれている部分）には黒い点がいくつも並んでいますが、あれは一つひとつが「目」にほかなりません。明暗を察知する程度の器官ですが、そういう機能を持つものは細胞レベルで存在します。

そういう細胞がいくつか集まれば、明暗だけでなく、物体の形も見分けられるようになるでしょう。そこに何か透明な物質が組み合わされば、レンズのような働きをして、より光を集めやすくなる。ピントが合うようになれば、立派に目の役割を果たすというわけです。

もちろん、一回や二回の進化でそんな器官は作れません。しかし、一世代ごとに少しずつ機能がアップしていった場合、早ければ一〇〇世代、遅くとも数十万世代ぐらいかければ、精巧な目ができあがるといわれています。世代交代が一年に一回ある生物なら、わずか数十万年で目を持つことができる。もっとかかってもせいぜい数百万年くらい。生物の進化は何億年もの時間をかけて起きるのですから、これはそんなに大変なことではありません。一九世紀の知見ではそこまでわからなかったのですが、目の進化はダーウィンが頭を悩ませるほどの問題ではないのです。

## なぜ目の進化は起きたのか

海の晴れ上がりは、生物の世界に「目の誕生」という一大転機をもたらしました。そしてこれが、さらに大きな進化の起爆剤になります。五億四二〇〇万年前に起きたとされる「カンブリア大爆発」は、目の進化が主要な原因のひとつだといわれています。

それは、まさに大爆発と呼ぶにふさわしい現象でした。ダーウィンは生物の進化はゆっくりと進んできたと考えていましたが、その年代の化石を調べると、突如として多様な形をした生物が出現したようにしか見えませんでした。なにしろ、現在の動物を体制（ボディプラン）によって分類した「門」が、ここで一気に出揃ったのです。

現在、生物を分類する上でのいちばん大きな枠組みは、「真核生物」「真正細菌」「古

カンブリア紀の初頭、約5億4200万年前の海中の様子。
「カンブリア大爆発」と呼ばれる現象が起こったこの時代に、
世界中で種の多様化が急激に進んだと考えられている。

細菌」という三つのドメイン（超界）です。真核生物ドメインの下には「動物界」と「植物界」という二つの「界」があり（※現代生物学では動物界と植物界のほか、菌界その他まだ確定せず流動的ないくつかの界が提唱されている）、さらにそれぞれがボディプランによって「門」に分類される。動物界には、刺胞動物門（例：クラゲ、イソギンチャク、サンゴ）、節足動物門（例：クモ、エビ、カニ、昆虫）、軟体動物門（例：貝、イカ、タコ）、棘皮動物門（例：ウニ、ヒトデ、ナマコ）、脊索動物門（例：爬虫類、鳥類、哺乳類）など、三〇いくつかの門があります。それほど多様なボディプランが突如として現れたのですから、「大爆発」は決して大袈裟な形容ではありません。

もし進化がダーウィンの考えたとおり徐々に進むのであれば、先カンブリア時代の地層からも、それなりに複雑な構造を持つ動物の化石が見つかるはずです。ところが実際には、先ほど紹介したエディアカラ生物群のように、殻や骨格を持たないシンプルな構造の軟体動物しか出てきません。カンブリア紀の化石と比べると、本当に「祖先」なのかどうかも疑わしくなるほど違うのです。

たとえば一九〇九年にカナダで発見されたカンブリア紀の化石群とエディアカラ生物群を見比べれば、その違いは誰の目にも明らかです。「バージェス頁岩動物群」と呼ばれるもので、そこにはピカイア、アノマロカリス、オパビニアなどと名づけられた奇妙な形の動物がたくさん含まれています。エディアカラの化石からバージェス頁岩動物群までは、わずか六〇〇〇万年ほどしか経っていません。単純なユニット構造のくり返しにすぎなかった生物が、短期間のうちにここまで複雑な構造を持つようになったのは、実に驚くべきこととといえるでしょう。

## 目を持つ生物の出現

この進化の大爆発が起きたのは、なぜか。その原因は、進化論上の大きな謎でした。もちろん五億年以上も前に起きたことは検証できないので、現在も本当のことはわかっていません。ひょっとしたら、「エディアカラ」と「バージェス」をつなぐような形の生物がいたのに、その化石が見つかっていないだけかもしれません。

しかし一九九八年に古生物学者のアンドリュー・パーカーが提唱した仮説は、実に説得力のあるものでした。彼の著書『眼の誕生――カンブリア紀大進化の謎を解く』(渡辺政隆、今西康子訳/草思社)は一般向けに平易に書かれているので、一読をおすすめします。「目を持つ動物が誕生したことが淘汰圧となった」という彼の説明は、「目」からウロコが落ちるような明快さ。私を含めて「なぜ、いままでそこに気づかなかったんだろう」と思った生物学者は大勢いるでしょう。まさにコロンブスの卵のような発見です。

目を持つ生物が出現したことによって、カンブリア紀の海では、あらゆる生物が「見られる存在」になりました。そうなると当然、「見た目」が生き残る上で重要な意味を持つようになります。誰も見ていなければどんな形をしていようが関係ありませんが、目を持つ外敵がいれば、色や形によって、生き残りやすくも滅びやすくもなるでしょう。そのために、デザインが多様化したと考えられるわけです。

また、見られることで生じる危険を回避するには、硬い殻で体を覆うことでディフェンスを強化する必要も出てきます。最初に高機能の目を獲得した生物は三葉虫だといわれていますが、目ができたばかりの頃は、まだ殻を持っておらず、エディアカラ生物群のようなブヨブヨした体だったはずです。

いち早く目を持った個体は、当時の海では最強の捕食者として、周囲の生物たちを食べまくったことでしょう。エディアカラ生物群のような生物は、あっという間に食べ尽くされて絶滅したに違いありません。エディアカラ生物たちは自分たちで海をきれいに掃除して、結果的に目の進化を促したことが自身を滅ぼす原因になってしまったとは、なんという皮肉でしょうか。

また、三葉虫の食欲は同族にも向けられました。「共食い」はタブーのように考えられていますが、実は同族ほど効率のいい栄養源はありません。同じ体を持っているので、食べたものをそのまま自分の体の材料にできるからです。

仲間同士の凄まじい捕食合戦が始まると、目を持っているだけでは有利になりません。同じ攻撃力を持っていれば、よりディフェンス力の強いものが生き残ります。

それまでにも突然変異で硬い皮膚を持つ生物は生まれたでしょうが、「目の誕生」以前は、それはあまり役に立ちませんでした。むしろ、皮膚を硬くするのに材料のコストがかかってしまうので、ほかの機能が弱くなり、かえって生き残りにくかったでしょう。

しかし目を持つ敵から身を守るには、そのコストを惜しんではいられません。ほかの機能を犠牲にしてでも、硬い殻で体を包んだほうが生き残りやすい。そうやって、三葉虫は硬い殻を持つ方向に進化したのだといわれています。

## 生き残るための戦略の違いが、生物の多様化をもたらした

ところで、カンブリア大爆発では、私たち人類のボディプランの原型も生まれました。

「脊索動物門」と呼ばれる生物です。これが後に魚類となり、海から陸に上がって両生類、爬虫類、鳥類、哺乳類などの脊椎動物に進化しました。ちなみに「脊椎」は脊索が置き換わったもので、脊索動物門には脊椎動物のほかに原索動物（ナメクジウオのような「頭索類」と、ホヤなどの「尾索類」からなる）があります。

人間にとって身近な動物が多いので、脊椎動物は生物界の主流派のような印象がありますが、これはさまざまなボディプランの中のひとつにすぎません。そもそも、骨格を持つ生物はさほど多くありません。硬い骨格があるのは、三葉虫のような外殻を持つ生物（昆虫や甲殻類もここに含まれます）と脊椎動物だけで、それ以外の生物はほとんどがやわらかいブヨブヨした体をしています。目の誕生は硬い殻の進化を促しましたが、それは生物が身につけた多様性のごく一部にすぎません。

さて、体の外側に硬い殻を持つ理由は、先ほどの説明でご理解いただけたことでしょう。捕食から身を守る「鎧（よろい）」を身につけたほうが、個体が生き残りやすいのは明らかです。では、体の内側に硬い骨格を作ることは、その動物にどんなメリットをもたらすのでしょうか。大型化した体をしっかりと支えるだけなら、外骨格でも問題ないはずです。そもそもは突然変異から始まることですから、何の目的も理由もなく内側に骨格を持つ個体が生まれてしまうことはあるでしょう。しかし、それが延々と進化を続けて哺乳類にまでなった以上、そのほうが生き残りやすかった理由があるはずです。

おそらく、それは外殻と同様「捕食から身を守れる」ことだったと思います。とはいえ、内側を硬くしても外側の肉は食べられてしまいますから、守り方は同じではありません。

なぜ捕食を避けられるのかは、骨のことだけを考えてもわかりません。内骨格（体の内側に骨があること）で「筋肉を持てる」ようになったことが重要なのです。筋肉は基本的に縮むことで体を動かす仕組みになっています。骨があれば、その両端に筋肉をくっつけることで、バネが縮むようにして体を動かすことができるようになるのです。

そんな構造を身につけた生物は、体をくねらせることで水の中をスイスイと移動できるようになりました。つまり移動スピードを速くすることで敵から逃げられるようになったのです。もちろん捕食者として襲う側に回ったときも、速く移動できるほうが有利でしょう。

外骨格の場合は、体をくねらせることができないので、そんなに速くは移動できません。その代わり、ガードは固い。逆に内骨格の場合は、ガードは弱い代わりに、スピードで勝負する。生物はさまざまなボディプランを持つことで、生き残るための戦略を多様化していきました。

## 多くの生物種が同時期に絶滅することも珍しくない

地球の歴史は地質年代で分けられていて、進化の大爆発が起きたカンブリア紀からは「顕生代」と呼ばれています。これは、「肉眼で見える生物が生息する時代」という意味です。先カンブリア時代にも大型のエディアカラ生物群などがいたので、ややズレてはいますが、そのときは「目で見る」生物がいなかったという意味では、カンブリア紀からを「顕生代」と呼ぶのもあながち的外れではないかもしれません。カンブリア紀に基本的なボディプランが出揃ったことで、ここからいよいよ本格的な動物の時代が始まったともいえるでしょう。

ただし、カンブリア紀に登場した動物たちがすべて進化を続けて、現存する動物の祖先になったわけではありません。生物は環境変動などの影響で、しばしば絶滅します。その危機を乗り越えて生き残ったものだけが、進化を続けることができる。あらゆる生物種の行く末は、「進化」か「絶滅」かの二つにひとつしかありません。

個別の種の絶滅はひっきりなしに起きていますが、地球上では、多くの生物種が同時期に絶滅することも珍しくありません。顕生代では、これまでに五回の大量絶滅が起きたと考えられています。オルドビス紀末(四億四三七〇万年前)、デボン紀後期(三億五九二〇万年前)、ペルム紀末(二億五一〇〇万年前)、三畳紀末(一億九九六〇万年前)、そして白亜紀末(六五五〇万年前)。これら五回の大量絶滅は、一般的に「ビッグファイブ」と呼ばれています。それぞれの紀末が目立つのは、大量絶滅を境に地質年代を区切ることが多いからです。

たとえばオルドビス紀末には、生物種の八五パーセントが絶滅しました。超新星爆発によって宇宙から大量のガンマ線が降り注いだ結果だという説もありますが、何が起きたのか本当のところはわかりません。いずれにしろ、その一億年ほど前に目を獲得して大暴れした三葉虫も、ほとんどがこのときに絶滅(完全に絶滅したのはペルム紀末)しています。

ただし、勘違いする人がたまにいるのですが、絶滅するのはあくまでも「種」であって、地球上のバイオマスが八五パーセントも減ったわけではありません。生き残った種の数(多様性)が少なかったとしても、生き残った種の個体数が多ければ、生物の全体量はそれほど減らなかった可能性もあります。

したがって、大量絶滅が起きても、地球上の生物そのものが立ち直れないほどのダメージを受けたわけではありません。そのときに滅んだ種にとっては悲劇ですが、大量絶滅は進化のチャンスでもあります。それまで生物界の「主役」のように大きな顔をしていた種がいなくなれば、その後には広大なニッチ（生物が生息できる環境）が広がっているので、生き残った生物たちはいろいろな可能性を試すことができるのです。

事実、オルドビス紀末に八五パーセントもの種が滅んだ後も、生物は大きな進化上の飛躍を起こしました。それは、「上陸」です。それまで海の中にしか存在しなかった生命体が、まったく環境の異なる陸上に進出したのですから、きわめて大きな画期といえるでしょう。

なぜ住み慣れた海から陸に上がったのかといえば、「そこに陸があったからだ」としかいいようがありません。進化は、あくまでも偶然の積み重ねによる結果論です。大量絶滅の直後は競争相手が減るはずですから、わざわざ陸を目指す必要もないでしょう。ただ、その後で一気に生物が大量発生したため、追われるように陸へ出て行った生物がいた可能性はあります。

## 「体内に海を抱える」ことで陸へ上がった

いずれにしろ、海の生物が陸へ上がるためには、さまざまな準備が必要でした。まず誰でも思いつくのは、陸上を移動するための「足」が必要だということでしょう。しかしこれは、そう難しいことではありません。現在の地球にも、魚のホウボウのようにヒレを使って海底を歩く生物はいます。それが陸に上がり、突然変異を積み重ねれば、より歩行に適した形の足を持つ個体が生き残り、子孫を繁栄させられるでしょう。

空気呼吸の仕組みも、すでに「浮き袋」という形で準備されていました。突然変異によって、それを「肺」として使えるようになった個体が陸上にはびこるようになったのです。また、外骨格や内骨格を持った生物も、上陸への準備ができていたといえるでしょう。水中と違い、陸上では重力に耐えなければいけません。しっかりとした骨格を持つ生物のほうが有利なのは明白です。

さらにもうひとつ、陸に上がるために必要な準備がありました。それは、「体内に海を抱える」ことです。生物が海から陸へ上がったといっても、それは海が不要になったことを意味しません。むしろ、体の「外」を取り巻いていた海を「中」に取り込むことができたから、陸に上がれるようになったといったほうがいいでしょう。ある意味では、これこそが上陸のためにもっとも重要な条件です。

そのためには、たとえば皮膚が丈夫になり、体内に水分を保持しやすくなるような変異が必要でした。繁殖のことを考えると、卵の内部に海が存在するような形で子を産むシステムも欠かせません。

具体的には、たとえば胎児が浮かぶ羊水はひとつの海のようなものです。羊水を容れて包んでいるのが羊膜ですね。ですから、羊膜の発生と進化が陸上への進出を促したともいえます。

実際、水から離れられない両生類から進化して陸に上がったものは「有羊膜類（ゆうようまくるい）」といい、ここから爬虫類、鳥類、哺乳類が生まれました。これらは羊膜と共に「へそ」を持つ動物でもあります。爬虫類や鳥類におへそがあるというと驚く方もいらっしゃいますが、卵から孵（かえ）ったばかりのカメやヒヨコのお腹にはたしかにおへそがあります。

さて、植物の場合は、水中でやっていた受精を陸上でどうやるかが問題でした。海では、精子が卵子のところまで水の中を泳いでいきますが、この「海」は体内に抱えて持っていくわけにいきません。そのため初期の陸上植物は、水中と同じ方法を採らざるを得ませんでした。精子が雨水を伝って移動し、別の木に登って卵子にたどり着くのです。後にこの面倒臭いやり方をやめて、空中に花粉を飛ばして受精できるようになったのが、種子植物でした。

ちなみに、植物が上陸したことによって、生物界には大きな恩恵が生じました。というのも、陸上の岩石には、生物の栄養素になるミネラルが豊富に含まれています。栄養素といっても窒素やリンのように大量には要らないので「サプリメント」のようなものと思えばよいでしょう。岩石が雨などで風化すると、そのサプリメントが海に溶け出して生物の役に立つ。植物が地上に根を張ることによって風化が促進され、それまで以上に多くのサプリメントが供給されるようになったのです。

とくに影響が大きかったのが、葉緑素を作るのに必要なマグネシウムの供給量が増えたことでした。葉緑素が増えれば植物の生産量も増え、必然としてそれを食べる動物も増える。その結果、地球上のバイオマスは革命的といえるほど増加しました。地球が「生命体に覆われた惑星」になったのは、この頃からだといえるでしょう。

## 大量絶滅を引き起こした「海洋無酸素事変」

しかし、その後も大量絶滅は続きます。デボン紀後期には、生物種の八〇パーセントが絶滅しました。さらに、それからおよそ一億年後のペルム紀末には、生物史上最大の絶滅が起こります。このときは、なんと生物種の九六パーセントが絶滅しました。

ただし、ここで絶滅したといわれているのは「化石が残っている生物種」の話です。そのうちの八〇パーセント(デボン紀後期)、九六パーセント(ペルム紀末)が絶滅したということですから、化石が残っていない生物ははじめからカウントされていません。そもそも存在したかどうか確認できないのですから、数に入れられないのは当然でしょう。

しかしデボン紀後期やペルム紀末には、カウントされていない生物種も相当いたはずです。というのも、陸上の生物はあまり化石が残らないのです。死んだ生物が水に沈み、泥をかぶって地層になる――これが化石になるパターンなので、基本的には水中生物のほうが化石になりやすい。

したがって、この時期に絶滅したとされているのは大半が海の中の生物でした。化石から絶滅状況がわかりやすかったという事情を抜きにして、本当に大量絶滅があったようです。その原因は、「海岸線の後退による食物連鎖バランスの崩壊」「巨大なマントルの上昇流である『スーパープルーム』による火山活動」などと並んで、「海洋無酸素事変」だったと考えられます。少なくともペルム紀末の大量絶滅に関しては、その証拠が見つかっていますから、ほぼ間違いないでしょう。

前章で述べたとおり、先カンブリア時代にも海中で酸素が欠乏したことがありました。

そのときは、全球凍結によって海が厚い氷で覆われたことが原因でしたが、ペルム紀末の海洋無酸素事変は、温暖化が原因だった可能性が高いといわれています。

大気が温暖化すると、水分が蒸発するので海の塩分が高まります。塩分の濃い水は重いので、底のほうに沈んでいく。それがなぜ無酸素の原因になるかというと、水には「温かいほうがガスが溶けにくい」という性質があるからです。砂糖や塩は冷たい水よりお湯のほうが溶けやすいのですが、気体は水が温かいほうが溶けにくい。そのため、温かい水が沈むと、底のほうは酸素が薄くなります。

実際、現在でも海の一部がそうやって無酸素状態になることは珍しくありません。たとえば東京湾や瀬戸内海も、夏の暑い時期には深いところが無酸素状態になり、多くの生き物が死んでいます。

デボン紀後期やペルム紀末は、それが地球規模で起こったと考えられます。そこには、大陸の配置も深く関わっていました。

現在の地球では、南極とグリーンランドの周辺で冷たい水が作られ、大量に酸素を溶かし込んだ状態で沈んでいきます。それが別の場所では、地球の自転の影響で上のほうに湧き上がる(これを「湧昇」といいます)。そうやって冷たい水が攪拌されるので、全体的に酸素を含んだ海になります。

しかし海洋無酸素事変が起きた当時の地球は、大陸の配置が現在とまったく違っていました。たったひとつの超大陸と、たったひとつの超大洋があっただけです。オルドビス紀末からシルル紀までは南極のあたりに大陸があり、そこに氷床が発達したので、地球はあまり温暖化しませんでした。ところがペルム紀末になると、赤道のあたりに超大陸（パンゲア）が移動し、南極には大陸がありませんでした。

すると、赤道のあたりで温まった水はどうなるか。基本的には地球の自転によって東西方向に流れますが、途中で超大陸にぶつかるとそれが壁になって、南極と北極のほうへ流れていくしかありません。そのため温かい水が地球全体に広がり、海洋の温暖化が進むのです。

ところで、それとは別にもうひとつ、海洋無酸素事変の原因と思われるものがありました。それは、植物プランクトンが増えすぎたことです。

当時、超大陸のまわりにある浅瀬では、陸地から大量にミネラルが供給されることもあって、植物プランクトンがものすごい勢いで増殖しました。あまりにも増えすぎて、動物たちが食べきれなかったほどです。

そのため、植物プランクトンの死骸が海底に沈殿し、ヘドロ化しました。ヘドロ化しつつ酸素を消費するため、これが溜まれば溜まるほど海中は無酸素化していくのです。

この二億五〇〇〇万年前のヘドロは、現在の私たちの生活と無縁ではありません。無縁どころか、現代の文明を支えているといっても過言ではないでしょう。二億五〇〇〇万年前以降に溜まったヘドロが固まったのが、石油の母岩である黒色頁岩です。現在の中東、インドネシア、ベネズエラ、メキシコ湾などの油田地帯は、かつてひとつだけあった超大陸の浅瀬地帯にほかなりません。史上最大の大量絶滅が起きたときのヘドロを、いま私たちは貴重なエネルギー源として利用しているのです。

## 何が恐竜を繁栄させたのか

ここまで、大量絶滅の「ビッグファイブ」のうち三つまでを紹介してきました。四つめの三畳紀末については、実のところ何が起きたのかよくわかっていませんが、巨大隕石の衝突や大規模な火山活動などと並び、陸上の酸素濃度が下がったことが指摘されています。その前の海洋無酸素事変とは逆に、今度は陸上の酸素濃度が下がったとすると、この環境変化でダメージを受けた生物のひとつは昆虫でしょう。昆虫は、体の表面にある孔から酸素を取り入れています。そのため、大気の酸素濃度が高いほど、体を大きくできる。同じ量の空気を取り入れた場合、酸素濃度が高いほど体の奥まで酸素が入ってこられるからです。実際、大昔の地球には現在では考えられないほど巨大な昆虫がいました。図鑑などでイラストを見てビックリしたことのある人も多いでしょう。たとえば「メガネウラ」というトンボの仲間は、翅を広げたときの幅が七〇センチもありました。そういう昆虫がいた時代は、酸素濃度がとても高かったに違いありません。

メガネウラの化石はペルム紀の初期までしか発見されていませんが、その仲間はその後の三畳紀まで生き残っていたと思われます。ですから、そのあたりまでは酸素濃度の高い時代が続いたのでしょう。しかし、三畳紀末にはついに酸素濃度が低下し、巨大な昆虫は生き延びられなくなったと考えられています。

同じように苦しかっただろうけど、そんな環境を耐え抜いたのが、三畳紀に登場した爬虫類や哺乳類の祖先でした。酸素濃度が低くても生き延びられた最大の理由は「肺呼吸」です。昆虫は表面の孔から酸素を受け入れるだけですが、肺呼吸の場合は筋肉を使ってポンプのように押したり引いたりするので効率がいい。酸素が薄ければ、それに合わせて深く吸うことができるわけです。

そうやって三畳紀末の大量絶滅を生き延びた爬虫類と哺乳類のうち、続くジュラ紀で天下を取ったのは、爬虫類の一大派閥として進化した恐竜でした。この時代に哺乳類が生物界の主役になれなかったのは、生きていく上でのコストが爬虫類よりも多くかかるからでした。たとえば爬虫類は卵を産みっぱなしにしますが、哺乳類は自分の体内で育てなければいけません。また、爬虫類は変温動物なので体温維持のための熱を発生する必要がないのに対して（※大型の恐竜は大きな体の内部に熱を保ちやすいので事実上の恒温動物として振る舞う、いわゆる「慣性恒温性」だったという説がある）、恒温動物の哺乳類は体温を保つのにコストがかかります。ジュラ紀の地球は温暖で安定した時代だったので、そういったコストをかけなくても楽に生きられた。それが恐竜をはびこらせた要因だといわれています。

## 恐竜時代の終焉

恐竜が隆盛を誇った時代は、いろいろな意味で地球環境が安定していました。地球史の中でも、これほど長く安定していた時期は珍しいといえるでしょう。気温は「高値安定」。私たち人類が登場して以降の地球は、恐竜の時代と比べると平均気温が激しく乱高下する時代になっています。

また、恐竜の時代は地磁気の反転も起こりませんでした。四六億年の歴史を通じて、地球の南北はずっと固定されていたわけではありません。一〇〇万年に一・五回ぐらいの割合で、これまでに何百回も地磁気が入れ替わっています。南北が逆になること自体に大きな問題はありませんが、危険なのは、反転の途中で磁場が消える瞬間があることです。そのときに地球の外から放射線が大量に飛び込んでくるので、生物にとってはあまりありがたくない現象なのです。

ところが恐竜の時代は、その反転がありませんでした。そんな安定した時代だったため、さほど大きな進化も起きていません。もちろん、ジュラ紀から白亜紀にかけていろいろな恐竜が登場しては滅んでいきましたが、恐竜というジャンルからはみ出すような生物は出現しませんでした。

あれだけ長い歳月があれば、たとえば高度な知能を持つ生物が、哺乳類ではなく爬虫類の進化形として出てきたとしても、決して不思議ではないでしょう。体の構造を見れば、ティラノサウルスなどは前脚を「両手」として器用に使えそうにも見えます。

しかし恐竜はそちらの方向へは進化せず、体を大型化する道を進みました。ティラノサウルスの前脚も、何かを作ることはせず、ひたすら襲うことにしか使われていません。おそらく環境が安定していたために、大きな進化ができるほどのニッチがなかったのでしょう。突然変異で新しいものが出てきても、生存競争で簡単に負けてしまう。仮に器用な「両手」を持つ個体がいて、石や木の枝を集めて何かこしらえようと思っても、ケンカに弱いのであっさり食い殺されてしまうということです。

しかし六五五〇万年前、そんな恐竜もついに絶滅の時を迎えました。それが、「ビッグファイブ」最後の大量絶滅です。

恐竜絶滅の原因は長く大きな謎とされ、さまざまな説が唱えられてきました。気温の低下や火山活動などによって長期間かけて絶滅したとする説もあれば、伝染病を原因とする説もあります。

しかし現在は「隕石衝突説」が定説となりました。当初はかなり突飛なイメージを持たれていた説ですが、さまざまな状況証拠から考えて、ほぼ間違いないでしょう。それが唯一の原因といえるかどうかはわかりませんが、引き金になったことはたしかです。

その説は、一九八〇年、地質学者のウォルター・アルバレスと、その父親で物理学者のルイス・アルバレスによって唱えられました。白亜紀末の地層に含まれるイリジウムの濃

メキシコ・ユカタン半島に衝突した巨大な隕石により、
地球は粉塵（ふんじん）などに覆われ、太陽の光が遮断された。
それによって恐竜など多くの生物が絶滅したとされる。

度がほかの地層よりも高いことから、それが地球外の隕石によってもたらされたと推測したのです。

そして、メキシコのユカタン半島で直径一八〇キロもある巨大なクレーターが見つかったのは、一九九一年のことでした。このクレーターを作った隕石が衝突したことで、舞い上がった粉塵などによって日光が遮断された。その結果、生態系がめちゃくちゃに破壊されエサ不足に陥り、恐竜は絶滅したといわれています。

しかし恐竜は、完全に絶滅したわけではありません。それは現在の鳥類の祖先が、恐竜の一派だったと考えられているからです。そしてもうひとつ、この大激変を乗り切った生物がいました。いうまでもなく、それは私たち人類に至る哺乳類です。続く最後の章では、その人類の進化についてお話しすることにしましょう。

第五章

# 人類の未来は「進化」か「絶滅」か

## 生物は何色の世界を見るか

恐竜が絶滅するまで私たち哺乳類の祖先は、どちらかというとコソコソしながら生き延びてきました。体が小さく、恐竜には歯が立たないので、昼間は行動しない。夜陰に乗じてチョロチョロと出て行き、恐竜の卵をかすめ取って食べていたといわれています。かつては、哺乳類が卵を食い尽くしたせいで恐竜が絶滅したという説も唱えられたほどでした。

その時代の哺乳類は夜行性だったため、目は明暗さえわかれば十分でした。そのため、四色（赤、緑、青、紫外線）を認識することができる爬虫類に対して、哺乳類は二色まで。現在でも、たとえば犬は黄色と青の二色しか認識することができません。赤と緑の区別がつかないので、人間の作った信号機を色で識別することはできないのです。盲導犬が交通信号の変化に対応できるのは、赤と緑の位置、濃淡、周囲の人々の動きなど、色とは別の要素で判断しているのだと考えられています。

しかし私たちは、犬と同じ哺乳類であるにもかかわらず（色覚異常などの例外を除けば）赤信号と青信号（実際は緑信号）を区別することができます。そうでなければ、あのような信号機を作るわけがありません。

それができるようになったのは、哺乳類の中から霊長類が登場したときでした。緑の葉が生い茂る樹上で暮らし、主に赤い果実を食べる霊長類にとって色は重要です。そのため、色覚に関する遺伝子が重複変異を起こして、赤と緑を識別できるようになった種族が生き残ったのだと思われます。

しかしその後、人類の祖先種となった霊長類は樹から降りてきました。これは、その祖先たちが暮らしていたアフリカ大陸の環境変動が原因だと考えられています。一〇〇〇万年ほど前から、アフリカ大陸の下ではマントルの上昇流（マントル・プルーム）が発生し、大陸の中央部が盛り上がり始めました。そのため、キリマンジャロのような高い山もできたわけです。このままマントル・プルームが続けば、いずれアフリカ大陸は東西に分裂するともいわれています。

ともあれ、中央部（アフリカの赤道部）が盛り上がったことによって、赤道アフリカでは西側に雨が降りやすく、東側は逆に乾燥しやすくなりました。熱帯雨林が消えてサバンナ化した東側では、霊長類は樹から降りざるを得ません。そこにはライオンのような肉食の猛獣たちがいるので、遠くの外敵を見つけられる個体のほうが有利になる。それが、直立二足歩行を始めた理由のひとつだと考えられています。

また直立二足歩行をすることで、それ以前の歩き方、たとえばナックルウォーク（拳を使って移動するチンパンジーのような歩行法）と比べて、行動半径が格段に広がりました。直立二足歩行は樹上で果物を食べていた頃は不要な能力ですが、広大な草原地帯で狩りをするとなると、一日の行動範囲が広いほうが獲物を多く集められるでしょう。そうやって、樹から降りた霊長類は徐々に現在の人類に近い形質を身につけていったのです。

## 思考は「比較」「類推」「関連づけ」といった要素から成り立つ

ところで、樹から降りてサバンナで生活するようになったとき、単に「直立したから遠くが見える」というだけで猛獣から身を守れたわけではありません。そこでは、「火の使用」が重要なファクターになりました。大陸が乾燥したために熱帯雨林という住み処（か）を失ったわけですが、乾燥したサバンナは火を使うのに好都合だったのです。

もちろん、最初から自分たちで火をおこす道具を作ったわけではありません。山火事などで自然発火したものを、うまく利用したのでしょう。人類の祖先が火を使い始めた時期は、調査が進むにつれてどんどん過去に遡っていて、いまではおよそ一七〇万年前とされています。

火を使用するメリットは、猛獣を近づかせないことだけではありません。火で焼くことによって、獲物の肉は食べやすくなります。

もちろん、そういった行為が可能になったのは、高度に発達した脳機能のおかげです。知能がなければ、自然に生じた火を自分たちのために使うことなど考えつきません。ただし、ある程度の知能を持つ動物はほかにもいます。たとえばイルカには記憶する能力がありますから、それなりに知能が高いといっていいでしょう。

記憶は、物を考えるのに欠かせない能力です。思考という行為は、「比較」「類推」「関連づけ」といった要素から成り立っていますが、その中の「類推」と「関連づけ」は自分の記憶との比較にほかなりません。たとえば、私たちは過去に経験したことのない事態に遭遇したときに、それと似た経験と目の前の事態を比較して、対処法を考える。「おそらく、こうすればこうなるだろう」と類推して、どうすべきかを判断するわけです。持っている記憶（知識）が多いほど、類推の幅も広がるでしょう。

その意味で、記憶能力のあるイルカには一定の知能があるといえます。もちろん、私たちと同じ祖先を持つチンパンジーにも、かなりの知能があります。しかしイルカやチンパンジーは、私たちのような文化や文明を持てませんでした。では、私たち人類にあって、彼らにないものは何か。

知能そのもののレベルにも大きな差はありますが、ここで重要なのは「情報伝達能力」だと私は考えます。人類は、食べ物の通り道（食道）と空気の通り道（気道）が途中まで同じになったことで、肺から吐き出す息（呼気）で声帯を震わせて発した音を、（本来は物を食べるために使う）舌や唇で〝加工〟してたくさんの音声を作り、複雑な言葉を発せられるようになりました。そのせいで、ときどき食べたものが気道に入って咽せるわけですが、発語機能というメリットの大きさを考えれば、それぐらいの不都合は我慢しなければいけません。

イルカも簡単な音声によるコミュニケーションはできますが、食道と気道が分離しているので、人間のような複雑な発語はできないのです。

## 私たちは「寒いシーズンの生き物」

さて、六〇〇万年前に樹から降りた私たちの祖先（猿人）は、その後どのようなプロセスを経て現在のホモ・サピエンスになったのでしょうか。

かつて人類は、猿人、原人、旧人（ネアンデルタール人）、新人（ホモ・サピエンス）という順番で進化したといわれていました。しかし現在は、ホモ・サピエンスがネアンデルタール人（ホモ・ネアンデルターレンシス）から進化したわけではないことがわかっています。この二つは、同じ「ホモ属」の祖先（原人）から枝分かれした、新種の人類でした。したがって、同じ祖先を持つヒトとチンパンジーが現在の地球で共存しているのと同じように、ホモ・サピエンスとネアンデルタール人が共存する可能性もあったはずです。事実、ネアンデルタール人は三万年ほど前まで生きていました。しかし、その後、私たちの祖先は生き残り、ネアンデルタール人は絶滅したのです。

ホモ属（ヒト属）が登場する以前の初期人類、いわゆる猿人については、これまでのところ、六つくらいの属が存在したことが知られています。いずれも脳の容積は類人猿と同じぐらいで、尾はなく、直立二足歩行をしていました。恐竜のティラノサウルスとは違い、自由になった手で石器などの道具を使っていたといわれています。猿人の六つの属のうち、ホモ属の祖先はアウストラロピテクス属とする説が有力ですが、確実な証拠はまだありません。

いずれにしろ、ホモ属は（諸説ありますが）いまから二六〇万年ほど前に、アフリカに登場しました。それ以前の猿人とは分類学上の違いがいろいろありますが、基本的には、大脳が大きく発達したことがホモ属の特徴だと考えていいでしょう。

ホモ属が現れたのは、ちょうど北半球が氷河期を迎えた頃のことです。この氷河期とホモ属の進化の因果関係はまだよくわかっていませんし、単なる偶然かもしれませんが、私たちが「寒いシーズンの生き物」であることはたしかなようです。ちなみに寒冷化した環境には、気温が低いだけでなく、乾燥化するという特徴もあります。私は研究のために何度も南極に行ったことがありますが、空気中の水分がほとんど氷になってしまうので、ひどく乾燥していました。類人猿が乾燥したサバンナに現れたのと同じように、私たちホモ属も乾燥した環境で誕生したのです。

## 最初の一五万年とそれ以降の五万年では、何が違うのか

それから二六〇万年のあいだ、ホモ属には、ホモ・ハビリス、ホモ・ルドルフエンシス、ホモ・エルガステルなど、いくつもの種が登場しては消えていきました。よく知られているのは、ホモ・エレクトスでしょう。いわゆるジャワ原人（ホモ・エレクトス・エレクトス）や北京原人（ホモ・エレクトス・ペキネンシス）は、いずれもホモ・エレクトスの亜種として分類されています。

その流れのどれが現在のホモ・サピエンスと直接つながっているのかは、まだわかっていません。しかし、これまでに発見された骨の標本から考えると、およそ二〇万年前にはホモ・サピエンスという種が確立したと見て間違いなさそうです。

ただ、その当時のホモ・サピエンスと私たち現生人類はまったく同じではありません。種の確立からおよそ一五万年間は「化石上のホモ・サピエンス」と呼ばれ、現生人類とは区別されています。別の種に分類できるほどの違いはありませんが、まったく同じにも見えない。そのため過去五万年の人類はホモ・サピエンスの亜種と見なされ、「ホモ・サピエンス・サピエンス」という呼び名で分類されています。

では、最初の一五万年とそれ以降の五万年では、何が違うのか。骨格的な違いもいろいろあるようですが、もっとも大きな差は知能でしょう。五万年前から、ホモ・サピエンスは異様ともいえる勢いで知的な進化を遂げました。それはつまり、高い知能を持つ個体でなければ生き残れなかった状況があったということです。

地球は、いまから一一万年ほど前に最後の氷期に入り、それが一万年前まで続きました。先ほども述べたとおり、寒冷化は乾燥化と同じですから、東アフリカ周辺は砂漠化し、そこで暮らしていたホモ・サピエンスは水不足ひいては食料不足という逆境にさらされたことでしょう。

そこで彼らは、より住みやすい環境を求めて移住を始めました。いわゆる「出アフリカ(out-of-Africa)」です。出アフリカは、およそ七万年前から五万年前に起こったといわれています。北へ向かった集団は、アラビア半島のまわりの狭い回廊を通って、アジアやヨーロッパへ向かいました。アジアに入った集団の中には、アジア大陸の東端からベーリング海峡(当時は地続きだったので正確には「ベーリング地峡」)を渡ってアメリカ大陸に入った人々もいました。また、東南アジア経由で、パプアニューギニアからオーストラリア大陸に渡った集団もありました。

おそらく、同じホモ・サピエンスの中には、アフリカからの脱出を試みて失敗した集団もたくさんあったはずです。しかし彼らは途中で失敗して滅びたため、私たちの祖先にはなれませんでした。大移動を成功させられた幸運な種族だけが、生き残ったのです。

その後に人類が築き上げた文明社会を見れば、ホモ・サピエンスが「賢いヒト」というその名のとおりの動物であることは間違いないでしょう。しかし私たちの祖先は、本当にその賢さだけで、唯一のホモ属として生き残ったのでしょうか。それ以外のホモ属は、本当に知能が低いだけの理由で滅びてしまったのでしょうか。

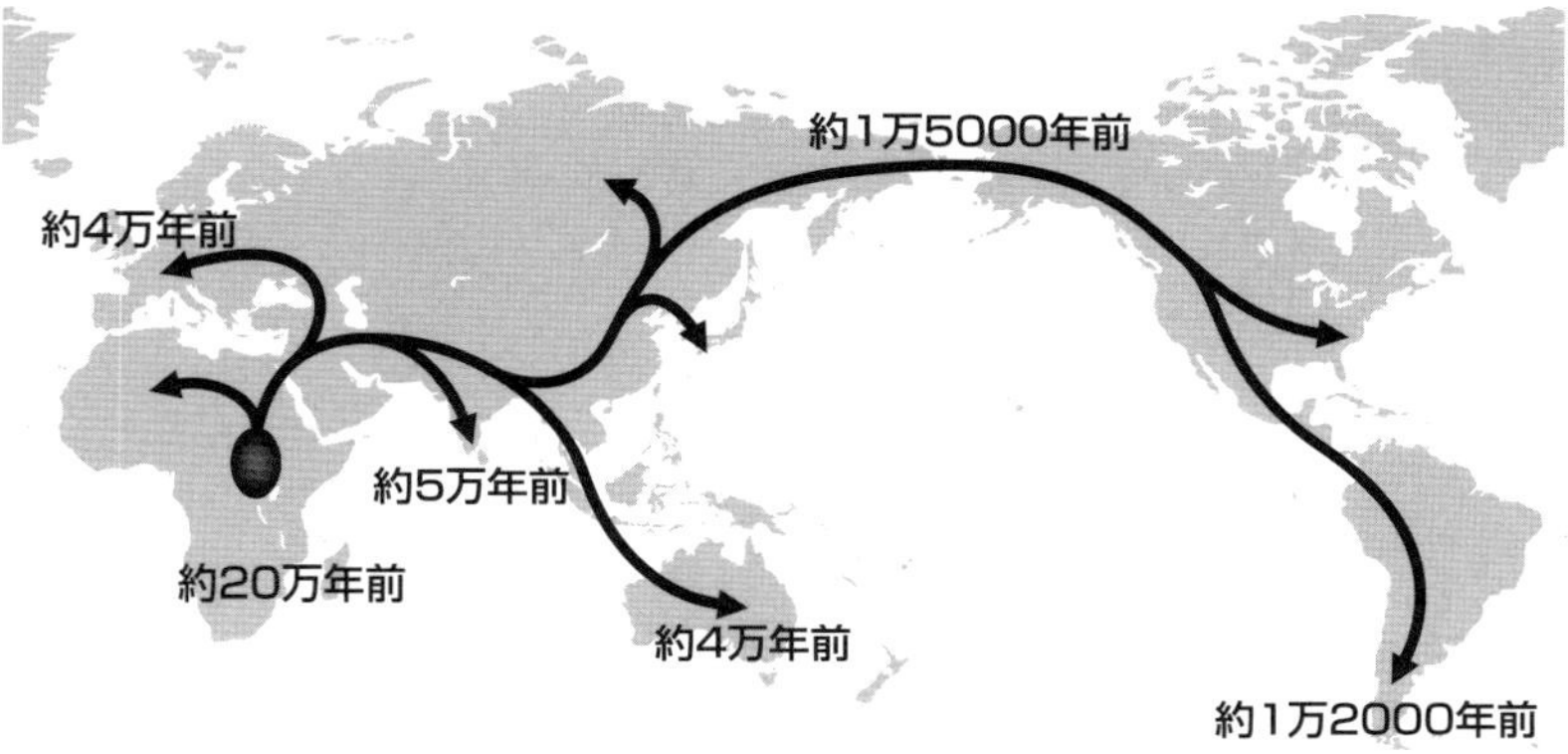


人類拡散の歴史。ホモ・サピエンスが現れたのは、
およそ20万年前と考えられている。その後、
約7万〜5万年前に「出アフリカ」を果たし、アジアやオセアニア、
ヨーロッパなど世界各地に広がっていった。※年代については諸説あり。

七万〜五万年前の「出アフリカ」以降に存在していたホモ属は、ホモ・サピエンスだけではありません。先ほども触れたとおり、ネアンデルタール人も三万年ほど前までは生きていました。また、インドネシアのフローレス島では、およそ一万二〇〇〇年前まで生息していたと見られるホモ属の骨が見つかっています。フローレス人（ホモ・フローレシエンシス）と呼ばれていて、身長は一メートル程度と小柄で脳も小さいのですが、火や精巧な石器を使っていました。

彼らは一体、どのようにして絶滅していったのでしょうか。あまり気持ちのいい話ではありませんが、アフリカから移動して彼らと遭遇した私たちの祖先が絶滅の原因になった可能性を、私は否定できません。もっとはっきりいえば、ネアンデルタール人やフローレス人を当時のホモ・サピエンス、すなわち私たちの祖先が皆殺しにしてしまったかもしれないと思うのです。

ホモ・サピエンスはたしかに高い知能を持った「賢いヒト」ですが、人間社会の歴史を振り返れば、好戦的で凶暴な側面を持っていることも間違いありません。たとえば大航海時代のスペイン人は南米大陸で先住民を虐殺しましたし、フロンティアを目指したアメリカ人も先住民を叩きのめしました。そもそも生物とは、そういうものなのかもしれません。たとえば目を獲得した三葉虫は、相手が同族でもかまうことなく、生き残りをかけてお互いに食い合いましたし。

また、二〇一〇年には科学雑誌『サイエンス』に、こんな論文も掲載されています。現世人類のＤＮＡに、ネアンデルタール人の遺伝子が混入している可能性があることがわかったというのです。それによると、およそ六万年前に、ホモ・サピエンスとネアンデルタール人のあいだで交配があったことになるとのこと。これは、種の分類を考える上できわめて重大な話です。

## 空間認識力の高さが生き延びた要因

いずれにしても、私たちの祖先が好戦的な側面を持っていたことは素直に受け入れなければいけないでしょう。しかし、その一方で、彼らに創意工夫を凝らす性質があったこともたしかです。

七万〜五万年前の出アフリカに成功したのはおそらく数百人の集団だったといわれていますが、彼らはほかのグループと比べて、格段に知恵や技術力が高かったに違いありません。考古学的な遺物を比較すると、出アフリカまでの十数万年間のものより、それ以降に作られた道具のほうが、格段に完成度が高く、急速に進歩しているのです。それに対して、同じ時期にネアンデルタール人の作った道具はあまり完成度が高くありません。

知能や技術力の高い私たちの祖先は、たとえば石器を作るにしても、素材にする岩石片からいかに効率よくたくさん削り出すかを考えていました。ほかのグループが闇雲に岩を削り、偶然うまくできたものを選んで使っていたときに、どうすれば最大の枚数を削り出せるかを工夫していた。こうした能力は、実は数学的な発想にもつながる高度な空間認識力に支えられています。

そして、空間認識力の高さは、集団で狩りをするときにも生かされたでしょう。獲物の行動を予測し、こちら側から追い込んで反対側で待ち伏せするといった作戦が立てられるのは、空間認識力の賜物です。たとえば犬は空間認識力が低いので、ボールを投げると単純にそれを追いかけることしかしません。その犬が走った軌跡は「ドッグ・カーブ」、日本語ではちょっと専門的ですが「牽引線（あるいは追跡線）」、中国語では「曳物線」、あるいは「トラクトリクス」と呼ばれています。

しかし人間は、野球の名選手イチローの守備を見てもわかるように、ボールの落下地点を予測してそこに一直線に先回りすることができる。こうした能力は、私たちホモ・サピエンスに特有のものです。

ホモ属のほかのグループの人類、すなわちネアンデルタール人やフローレス人を絶滅させることができたのは、私たちの祖先が単に好戦的だっただけではなく、そういう「知略」に長けていたためでもあるでしょう。どうやら私たちの歴史は、五万年前の先祖の時代から今日に至るまで、武力と知略によって動かされてきたようです。

ただし、それだけではありません。私たちの祖先は、なにも領土的な野心に突き動かされて地球上を大移動したわけではないのです。出アフリカは生活できる場所を求めての移動でしたが、そこから先は、食べられなくなって移動したわけでもないと思います。当時の人口はたかが知れていますから、そんなに長距離を移動しなくても、ほどほどのテリトリーを獲得できただろうから生活は成り立ったはず。一カ所に定住し、集団が大きくなってから分派して別の土地を求めたにしては、彼らが拡散したスピードは速すぎるのです。

## ホモ・サピエンスは、地球史上初めて「遊び」を覚えた生物

では、そこに居続けても生活はできるのに、あえて新しい土地を求めて移動を続けたのはなぜか。それは旅心——すなわち好奇心や探求心のなせる業ではないでしょうか。だとすると、これは生物史の中でも画期的なことといえます。それまで地球上の生命体は、生きるのに必要なことしかしてきませんでした。ところが私たちの祖先は、生きる上では無駄とも思えるようなこと、いわゆる「遊び」に労力を費やしたのです。

つまりホモ・サピエンスは、地球史上初めて「遊び」を覚えた生物だといえるでしょう。裏を返せば、初めて「暇」や「退屈」を味わった生物ということにもなります。たとえば動物園のライオンは、狩りをしなくてもエサにありつけるので、退屈しそうなものですが、遊ぼうとはしない。年がら年中、寝ています。もともと獲物を仕留めることに全力を尽く

し、食べたら消化のためにひたすら休むというライフスタイルなので、余裕があっても遊ぼうとはしないのでしょう。

しかし出アフリカ以降の人々は、その知力と技術力によって余暇を獲得し、遊び始めました。それは、太古の洞窟に描かれた壁画などを見ても明らかです。いちばん有名なのは一万五〇〇〇年前に描かれたラスコー洞窟の壁画ですが、もっと古い時代にも、すばらしい芸術作品があります。

およそ三万二〇〇〇年前に描かれた、ショーヴェ洞窟の壁画をご覧になったことがあるでしょうか。これまでに二六〇点の動物の絵が見つかっていますが、面白いのは「ネガティブ・ハンド」と呼ばれる絵です。洞窟の絵に人間の手がペタペタと並んでいるのですが、それがいわゆる「白ヌキ」になっています。作者は壁に自分の手を置き、その上から口に含んだ墨をスプレーのように吹き付けることで、それを描きました。

手形を残したいなら、手のほうに墨を塗って壁に押しつけるほうが簡単です。でも彼女は、それでは面白くなかったに違いありません。いろいろと工夫しているうちに、「影」のように手の形を表現できることに気づいたのでしょう。そういう高い精神性があったからこそ、出アフリカにも成功して世界中に散らばることができたのだと思います。

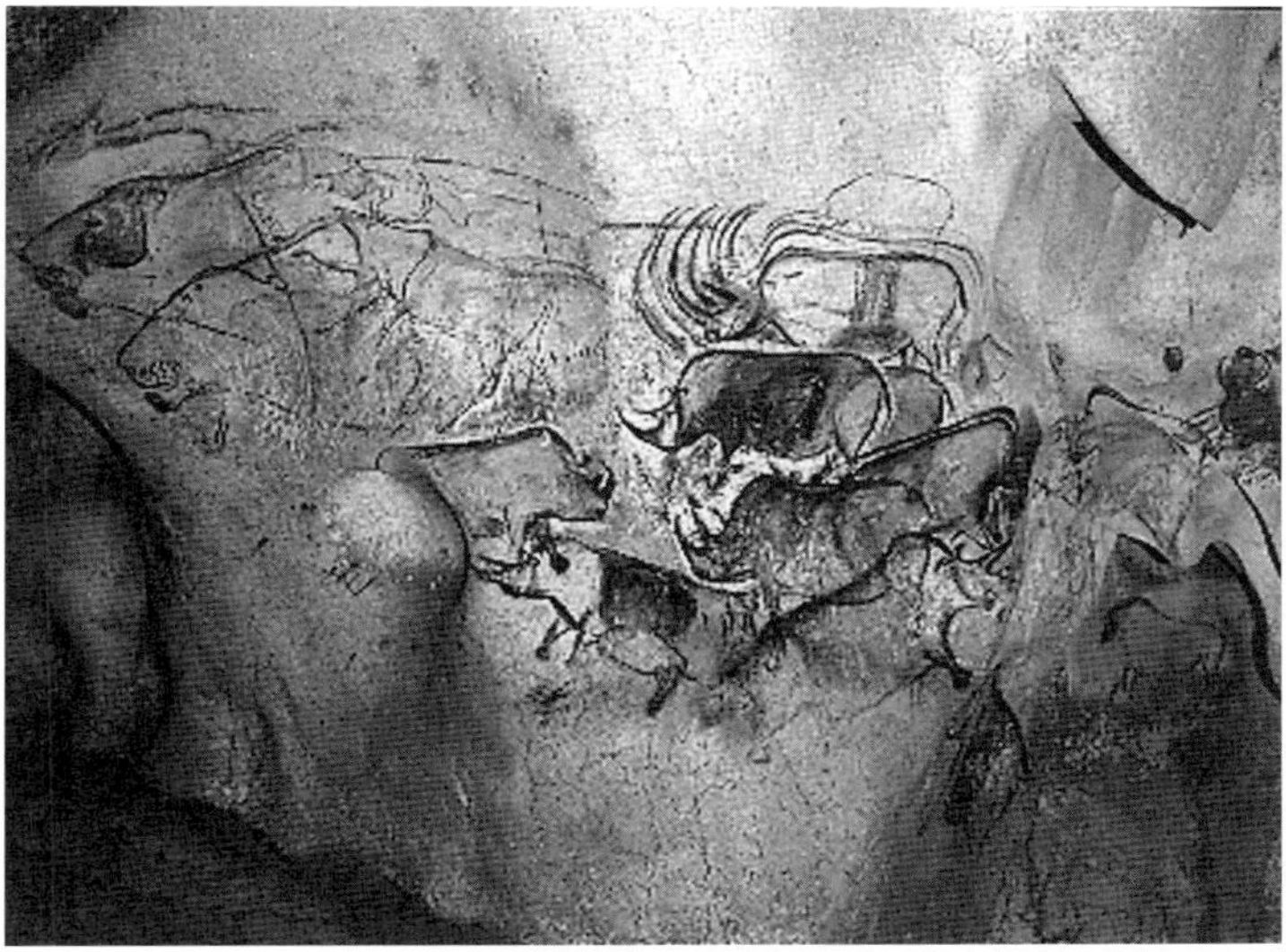

フランス南部アルデシュ県にあるショーヴェ洞窟の壁画。
約3万2000年前の壁画で、現在知られるものでは最古とされる。

吹き墨で描かれたネガティブ・ハンド。

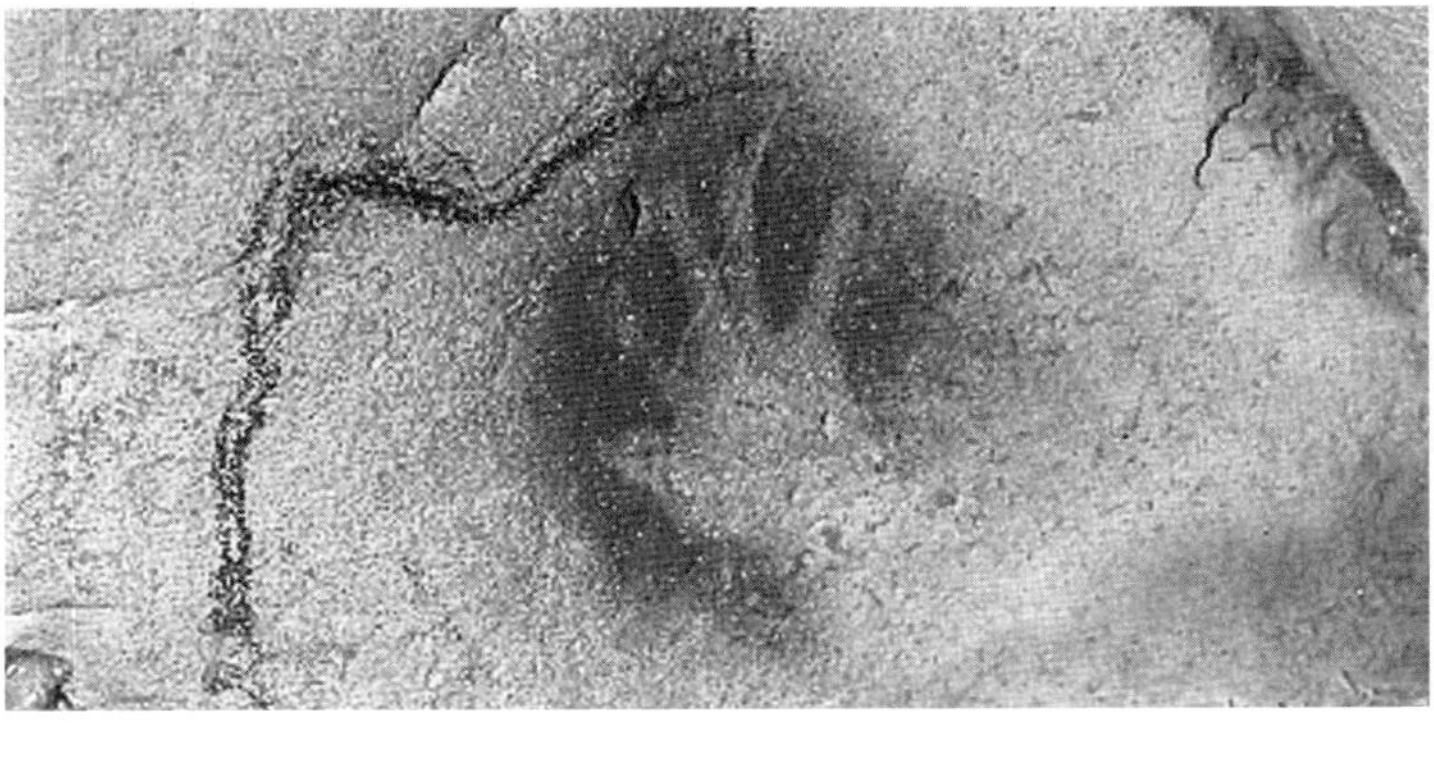

## 知的な創意工夫が生物を進化させる

その後、人類は都市を作り、文明を築き上げました。実はその起源も、出アフリカにあると考えることができます。

一九三三年、サハラ砂漠のスーダンとリビアの国境付近にあるギルフ・キビールという岩山に、おびただしい数の岩絵が描かれているのが発見されました。描かれたのは、一万～六〇〇〇年ほど前だと推定されています。そこに集団が定住していたのは間違いありません。

サハラといえば、乾燥化が進み私たちの祖先が逃げ出した土地です。そこに再び定住する人々が現れたのは、気候変動によってサハラに緑が戻ったためでした。あの地域は乾燥化と湿潤化を交互にくり返しており、ウェットな状態のサハラを「グリーン・サハラ」と呼びます。グリーン・サハラの時代に人々がそこに集まり、乾燥すると別の土地を求めて外に出て行く。七万～五万年前の出アフリカ以来、人類はそれを何度か経験してきたのでしょう。

その意味で、サハラは人類の移動の要衝です。「サハラ・ポンプ」なる言葉があるぐらい、あの土地はヒトを吸っては吐き出してきました。ギルフ・キビールに岩絵を描いた人々も、そこに定住したまま滅びたわけではありません。乾燥化が進み、サハラが緑を失うと、別天地を求めてそこから出て行きました。

その人々が行き着いた先が、エジプトです。そこで何が生まれたかは、いうまでもないでしょう。エジプト文明が興るきっかけは、ギルフ・キビールから移動した人々が作ったと考えられます。したがってギルフ・キビールの岩絵は、そこに人類の文明の起源があることを示しているのです。

都市や文明の始まりは、ホモ・サピエンスという生物の進化史の中でも特筆すべき画期です。もちろん、そこでDNAの突然変異が起きたわけではないので、これは生物学的な意味の進化ではありません。でも、それを作った者が生き残りやすく、より多くの子孫を残せるのだとすれば、広い意味の進化と呼んでいいと思います。

そう考えると、地球上の生命体は、ホモ・サピエンスという生物種により、また新たな進化のステージに入ったといえるでしょう。それまでの進化は、すべて偶然の突然変異から始まり、そこに目的はありませんでした。しかし知的な創意工夫に長けたホモ・サピエンスの登場によって、生物はある種の目的を持って自らを進化させられるようになったのです。

無論、その試みがすべて成功するわけではないので、「意図的な変異」が進化につながるかどうかは結果を見ないとわかりません。たとえば社会の法律にしろ、企業の経営方針にしろ、良かれと思って工夫したことが裏目に出て、かえって悪くなることもあるでしょう。でも、それが失敗だったとわかれば、また新たな方向性を模索することができる。私たちホモ・サピエンスは「改革」や「イノベーション」によって進化する生物なのです。

## これから人類はどのような進化を遂げるのか

では、これから私たちホモ・サピエンスはどのような進化を遂げるのでしょうか。前にも述べたとおり、生物種の未来には「進化」と「絶滅」の二つにひとつしかありません。したがって、このまま永遠にホモ・サピエンスという種が維持されることはあり得ない。

ホモ属の誕生から二六〇万年、ホモ・サピエンスはまだ二〇万年――三八億年に及ぶ地球生命の歴史から見れば、私たちの存在はほんの一瞬の出来事にすぎません。数千万年後、数億年後には、そのとき存在している知的生命体の「祖先種」か、単なる「過去の絶滅種」かのどちらかになっているはずです。

もし絶滅するとしたら、その原因として誰もが真っ先に思いつくのは戦争でしょう。好戦的な性質を持つ私たちは、その知力をフルに発揮して、一瞬にして自分たちを絶滅させられるほどの核兵器を作り上げました。ある意味で、すでに絶滅の準備は整っているとさえいえます。

では、ホモ・サピエンスにとって絶滅は必然なのでしょうか——私はそうは思いません。仮にホモ・サピエンスが生物学的なレベルで好戦的だったとしても、一方で、それを制御するだけの知性を兼ね備えているのも事実です。

また、生物学的なレベルでも、ホモ・サピエンスには好戦的な性質とは正反対のものが備わっているのではないでしょうか。それは、他人と結びつくことによって集団を形成する性質です。その性質がなければ、集団で狩猟を行うことはできなかったでしょう。常に他者と敵対しているようでは、都市や文明を築き上げることも不可能です。

たくさんの人が集まって都市を作り上げるには、お互いに対する信頼が必要です。では、人類はなぜ他人と信頼関係を結べるのか。そこで重要な役割を果たしているのが、脳の神経回路にある「ミラーニューロン」という特殊な細胞です。文字どおり他人の心の中を「鏡」に映すように慮（おもんぱか）る能力を司る細胞だと思ってもらえばいいでしょう。

もっとも、他者の感情を理解する能力は人間にだけ備わっているわけではありません。たとえばチンパンジーも、相手が自分に興味を持っているかどうか、あるいは自分に対して怒りを感じているかどうかぐらいはわかります。

しかし、そこから先は難しい。あるチンパンジーが、別のチンパンジーに怒りの感情を向けているとしましょう。見られたチンパンジーは、相手が怒っていることを理解します。では、怒っているチンパンジーは、相手が「自分の怒りを理解していること」を理解できるでしょうか。

チンパンジーは、その能力が弱いと考えられています。自分の感情を相手が理解しているかどうかを、うまく理解できない。しかし人間は、それが当たり前にできます。相手が自分の感情を理解していることを理解できるし、その上で相手がどういう行動に出るかも推測できる。誰かに怒りを向けた瞬間に、相手が謝罪するか反撃に出てくるか、おおむね察しがつくわけです。

そういう能力がなければ、他者との信頼関係を築くことはできません。何手先までも他者の心の中を推察できるからこそ、相手とのあいだにシンパシーが生まれるのです。小学校では「誰とでも仲良くしましょう」と指導するので、これは教育によって身につく文化のような印象もありますが、実は生物学的な特徴として、私たちにあらかじめ備わっている能力なのです。

## 絶滅を回避するために

最近、他者との協調を促すホルモンを分泌させる遺伝子の存在が明らかになりました。私はそれを「協調性遺伝子」と呼んでいます。

この遺伝子によって分泌されるホルモンは、もともと子宮の働きをコントロールする機能を持った女性ホルモンなのですが、それが脳内に入るともうホルモンというより、神経伝達物質として働きます。それは脳に協調性を発揮するように仕向けるのか、あるいは協調性を発揮するとそれが脳内に分泌され快感を覚えるということなのか。

弱肉強食の厳しい環境では、他者と協調したがるやさしい個体は生き残りにくいかもしれません。ですから、七万〜五万年前に出アフリカに成功した小集団が協調性遺伝子を持っていたことは、ある意味で幸運でした。彼らが生き残り、協調性遺伝子を拡散していなければ、都市も文明も築かれなかったかもしれません。集団で暮らすことはあっても、単にバラバラな個人が寄せ集まっただけでは、分業体制が成り立たないので都市は作れません。もしそこに一〇〇人いたら、一〇〇人いないとできないことをやるのが協調性というものです。

戦争による絶滅を回避し、人類が進化を続けるためには、そういう遺伝子を大事にすべきだと私は思います。出アフリカに失敗して滅んだグループは、突然変異で生まれた「平和的でやさしい個体」を弱肉強食の論理で簡単に殺してしまったのかもしれません。そのせいで集団内での協調性が育たず、生き残ることができなかった――現在の人類がそれと同じことをすれば、彼らのように生き残りに失敗するのではないでしょうか。

逆に、協調性の高い平和的な個体を大事にすれば、ホモ・サピエンスの好戦的な性質は徐々に弱まっていくかもしれません。そちらの方向に進化したホモ属のことを、私は「ホモ・パックス」と呼ぼうと思います。「パックス」とは、ローマ神話に登場する平和と秩序の女神のことです。「パックス・ロマーナ(ローマの平和)」「パックス・アメリカーナ(アメリカの平和)」などという言葉もあります。

先述したとおり、人類という生物は五万年前から目的を持って自らを進化させられるようになりました。だとすれば、平和な知的生命体として生き残るために、自分たちをそちらの方向へ進化させることもできるはずです。闘争心の弱い協調性に富んだ個体をこれまで以上に重んじて守っていけば、それが可能になるのではと、私は考えます。

こうした考え方を、危険視する人も多いでしょう。自分たちの求める遺伝子だけを残そうとする発想は「優生思想」と呼ばれています。かつてのナチス・ドイツのイメージが強いので、その言葉に反感を覚える人は少なくありません。

しかし私には、人類が「進化の方向をコントロールできる生物」に進化したのは自然の摂理による結果なのだから、その能力をより良い未来のために使うのは、決して悪いことは思えません。

戦争で滅びることがなかったとしても、人類がこのまま存続できる保証はありません。本書でも見てきたとおり、地球環境の大変動があれば、どんな生物種でも簡単に絶滅してしまいます。いまは地球の温暖化が心配されていますが、本当に怖いのはむしろ寒冷化でしょう。温暖化論者は現在の間氷期が今後も二万～三万年は続くといいますが、その予測が正しいかどうかはわかりません。そして、氷期はいったん始まったら過去の事例から見て、一〇万年は続くと考えるのが妥当です。氷期が訪れたときに、どうやって文明を維持するのか。これは私たちホモ・サピエンスの叡智(えいち)を傾けて考えなければいけません。

実際、いざそうなったときには、私たちホモ・サピエンスは総力を挙げてこの問題に取り組むことでしょう。私たちは、物事を偶然に任せることを拒み、自らの知力を振り絞って生き残ろうとする生物なのです。ならば、平和な知的生命体として生き残るために知力を使い、進化の方向性を自ら決めるのも、悪いことではありません。むしろ、それこそがホモ・サピエンスらしい進化のあり方だと思うのです。

# あとがき

生命とは何だろう――この大きな問題に対し、この本はどれだけ答えられたでしょうか。おそらく、十分には答えていないでしょう。それは、私の考えがまだ浅く、熟していないためです。昔は「人間五〇年」といったそうですが、その五〇歳の年齢になっても私はまだ幼いということなのでしょう。「私たちはどこから来てどこへ行くのか」という問題意識に目覚めた〝幼稚園のすべり台〟の頃から、私はほとんど進歩していないようです。

しかし、そもそも、「生命とは何か」という問題に対し、人間は答えることができるのでしょうか。人間自身が「生命」の一部でしかないのに、果たして全体を理解することなどできるのでしょうか。やはり、生命の全体像や本質を知るには「神の視点」のように、生命と離れたところから客観的に眺める必要があると、私には思えます。つまり、「生命とは何か」という問いを、人間が答えることはできないのではないかと。

同じ理由で「宇宙とは何か」という問題も、人間には答えられないかもしれません。大宇宙のごく一部でしかない人間が、宇宙のことを知ろうと一生懸命に努力していますが、

「神の視点」から眺めたら、それは滑稽に見えるかもしれません。

そう考えると、「人間とは何か」という問題でさえ、〝私〟が人間の一部であるかぎり、私には答えられないということになります。私たち「ホモ・サピエンス」のことは、私たち以外の人類――たとえばネアンデルタール人のほうが客観的に見られるかもしれませんし、逆に私たちは自分自身よりも、他の人類のほうが理解しやすいのかもしれません。

このように、自分自身が何か大きな問題の一部であるとき、その問題を解くことはとても難しいのです。たぶん、自分の一生では解けない問題もあるでしょうし、人間が束になってかかっても永遠に解けない謎だってあるでしょう。しかし、私はそれでもいいと思います。なぜなら、自分がその大きな謎の一部であることに、私は歓びを感じるからです。

一三七億年前に出現した「この宇宙」に比べれば、私の体の大きさや生きてきた時間など、もう微々たるものでしかありません。しかし、私はたしかに「この宇宙」の一部です。どんなに極小であろうと、その一部なのです。その小さな一部が大きな宇宙のことを考えている。もし、宇宙に意識があったら、宇宙は私のことをどう思うでしょう。もしかしたら、そんな私を見て、宇宙は歓んでくれるかもしれない。それが、私には嬉(うれ)しく思えるのです。

同じように、私は「人間＝ホモ・サピエンス」の一部でもあります。人間の起源から現在まで、何千世代、何万世代もの人間が生まれては死んできました。その中の一人である私にも、人間の遺伝子に刻まれた「愛と憎しみ」の行動原理はあります。しかし、人間という生物種の未来への可能性、つまり、進化の可能性もまた、私の中に存在するのです。私の中にある人間への絶望と希望のうち、私は希望だけを育てたい。そう思って、私はこの本を書きました。編集者の本川浩史さんはその思いを共有してくださり、この本のために尽力してくださいました。ここに厚く御礼を申し上げます。

願わくば、人間が「愛の生物種」ホモ・パックスへと進化できますように。

二〇一二年一二月冬至「太陽の復活の日」に

長沼　毅

**長沼 毅** ながぬま たけし
一九六一年、神奈川県出身。
生物学者、広島大学大学院統合生命科学研究科教授。
北極・南極・深海・砂漠など、
世界の極地・僻地での
フィールドワークを中心に研究を行う。
『世界の果てに、ぼくは見た』（幻冬舎文庫）、
『我々はどう進化すべきか』（さくら舎）など
著作多数。

知のトレッキング叢書

生命とは何だろう？

二〇一三年一月三〇日　第一刷発行
二〇二〇年八月二九日　第四刷発行

著　者　長沼　毅

発行者　田中知二
発行所　株式会社集英社インターナショナル
〒一〇一-〇〇六四　東京都千代田区神田猿楽町一-五-一八
電話　〇三(五二一一)二六三〇
発売所　株式会社集英社
〒一〇一-八〇五〇　東京都千代田区一ツ橋二-五-一〇
電話　読者係　〇三(三二三〇)六〇八〇
　　　販売部　〇三(三二三〇)六三九三(書店専用)
印刷所　大日本印刷株式会社
製本所　ナショナル製本協同組合


ISBN978-4-7976-7243-5 C0045